KB048333

L'ENCICLOPEDIA DEI DOLCI ITALIANI TRADIZIONALI

이탈리아 과자 대백과

사토 레이코 지음
REIKO SATO

김효진 옮김

MARRON GLACE
CIOCCOLATO
PISTACCHI INTERI
NUTELLA
20.00
20.00
NOCCIOLE
CIOCCOLATO
20.00
TUTTA
MANDORLE
20,00
CREMA DI MANDORLE
E PINOLI
20.00
SACHER
PISTACCHI
23.00

INTRODUZIONE

머리말

1990년대 일본의 이탈리안 레스토랑에서 일하던 무렵, 당시에는 이탈리아 과자에 대한 정보가 적었기 때문에 이탈리아 출신 셰프가 알려준 레시피와 '이런 과자였다'라는 식의 대강의 정보에만 의지해 이탈리아 과자를 만들었다. 무척이나 즐겁고 창조적인 일이었다. 요리계에 뛰어든 나는 어느새 이탈리아 과자의 세계에 푹 빠지고 말았다. 어느 날, 셰프에게 빌린 이탈리아 잡지에서 본 눈길을 사로잡는 갈색 구움 과자의 세계와 묘하게 밝은 색상의 이국적인 과자들. 그 대비가 인상에 남았던 나는 그날부터 현지에서 그 과자들을 직접 먹어보고 싶다는 꿈을 키우다 마침내 2004년 과자 유학이라는 형태로 꿈을 실현했다. 유학 중, 내가 잡지에서 본 '이국적인 과자들'이 시칠리아의 과자라는 것을 알게 된 나는 망설임 없이 시칠리아의 과자점에서 일하기로 결심했다. 그로부터 16년간, 시칠리아를 거점으로 이탈리아 각지를 돌며 과자를 탐닉했다.

이탈리아는 지역마다 명과(銘菓)가 있다고 해도 과언이 아닐 만큼 각지에 다양한 전통 과자가 있다. 이탈리아인은 자기 지역의 명과를 자랑하듯 이야기하는데, 그 내용은 지역의 역사부터 향토색, 종교 등 다방면에 이른다. 나는 과자를 통해 이탈리아의 역사와 문화를 배웠으며, 기나긴 역사의 축적으로 식문화가 형성되었음을 실감했다.

이 책은 헤아리기 힘들 만큼 많은 이탈리아 과자 중에서도 전통 과자를 중심으로 엄선했다. 책을 쓰면서 다시 한 번 과자 하나하나에 대해 깊이 연구하고, 요리법을 소개하기 위해 실습도 여러 번 반복했다. 그때 생각한 것이 '전통이란 무엇일까?'였다. 오늘날 '전통 과자'라고 불리는 것도 당초에는 '새로운 과자'였다. 당시의 유행을 도입해가며 시대와 함께 서서히 변화해온 것이다. 전통이란 '원형 그대로를 보존하는' 것이 아니라 서서히 변화하면서도 '그 본질을 보존하는' 것이라는 생각이 더욱 강해졌다.

이 책은 최대한 재현이 가능하도록 이탈리아 현지의 레시피를 약간 변형했다. 여러분도 이 책을 통해 이탈리아 과자의 깊이와 그 풍부한 맛을 함께 느껴볼 수 있다면 더없는 기쁨일 것이다.

2020년 초여름

사토 레이코

곡물의 풍미를 맛보는 이탈리아 과자

이탈리아에는 전통 과자가 매우 많고 과자 하나에도 다양하게 변형된 형태가 존재한다고 한다. 그 이유는 이탈리아의 역사와 지리적 조건에서 힌트를 찾을 수 있다.

지중해로 길게 뻗은 반도국 이탈리아는 기원전부터 당시의 선진국이었던 아랍 세계, 고대 그리스와 무역이 활발했다. 일찌감치 새로운 식재료나 과자 제조 기술을 도입할 수 있었기 때문에 다른 서양 제국보다 앞선 식문화를 꽃피울 수 있었다. 또한 이탈리아는 소국의 집합체로서 각각의 국가들이 걸어온 역사가 다르다. 어느 나라의 지배를 받았는지, 어느 나라와 외교를 했는지에 따라서도 유입된 식재료나 문화가 달라 다종다양한 과자가 탄생할 수 있었다. 반도 전체가 유럽 안에서도 남쪽에 위치해 있기 때문에 온난한 지중해성 기후로 식량이 풍부했던 것도 이유 중 하나일 것이다. 또 이탈리아는 남북으로 가늘고 길게 뻗어 산과 바다로 둘러싸여 있기 때문에 기후 조건도 다양하다. 지역에 따라 수확할 수 있는 식재료가 다르기 때문에 같은 주 안에서도 저마다 특산물을 사용한 과자가 만들어졌다.

이탈리아 과자는 크게 세 가지로 나뉜다. 밀가루와 유제품을 베이스로, 한정된 식재료를 활용해 축하할 일이 있을 때 만들었던 '농민 과자'. 단순하지만 소박한 맛이 특징이다. 기원전부터 신에게 바치기 위해 만들었던 과자를, 11세기 이후 강대한 권력을 갖게 된 가톨릭교회의 영향 하에서 발전시킨 '수도원 과자'. 귀중한 식재료였던 설탕과 향신료 등이 풍부하게 사용되었다. 그리고 귀족의 명령으로 외국의 국왕을 대접하기 위해 만들었던 '궁정 과자'. 참신하고 화려한 과자로 만찬회에 등장했다.

이런 분류 속에서도 전반적으로 '곡물의 풍미를 맛보는 과자'라는 공통점이 있다. 이탈리아는 거의 모든 지역에서 밀이 생산되는 곡물 대국이다. 언뜻 보기엔 소박한 과자라도 입에 넣고 씹으면 진한 곡물의 풍미가 입 안 가득 퍼진다.

가톨릭 문화권인 이탈리아에서는 종교와 과자가 밀접한 관계를 맺으며 발전해왔다. 종교 행사와 관련된 축하용 과자는 수도원뿐 아니라 민중들 사이에서도 널리 만들어졌으며 신앙심 깊은 국민성에 의해 현재까지도 그 전통이 이어지고 있다. 어느 시대에나 사람들의 생활과 함께한 이탈리아의 전통 과자. 작은 과자 하나에서도 지역성과 역사적 배경을 엿볼 수 있는 것이 이탈리아 과자의 묘미가 아닐까.

TRENTINO-ALTO ADIGE
VALLE D'AOSTA
FRIULI-VENEZIA GIULIA
LOMBARDIA
VENETO
PIEMONTE
EMILIA-ROMAGNA
LIGURIA
MARCHE
TOSCANA
UMBRIA
MOLISE
ABRUZZO
LAZIO
PUGLIA
CAMPANIA
SARDEGNA
BASILICATA
CALABRIA
SICILIA

L'ENCICLOPEDIA DEI
DOLCI ITALIANI TRADIZIONALI

이탈리아 과자 대백과

INDICE

NORD 북부

CENTRO 중부

SUD 남부

ISOLE 섬 지역

◆ ARTICOLI

이 책의 사용법

카테고리: 타르트·케이크, 비스코티, 구움 과자, 튀긴 과자, 생과자, 스푼 과자(dolce al cucchiaio), 빵·발효 과자, 마지팬·기타로 구분. 가장 주요한 특징을 바탕으로 기재했다.
상황: 과자가 등장하는 주요 상황을 바탕으로 가정, 과자점(pasticceria), 빵집(panificio), 바·레스토랑, 축하용 과자로 구분했다.
구성: 과자를 정의할 때 사용되는 주요 재료를 기재했다.
레시피: 1큰술은 15㎖, 1작은술은 5㎖이다. 버터는 무염 버터를 사용한다. 오븐의 온도와 굽는 시간은 대강의 기준으로, 반죽의 상태를 확인하며 가감한다. 그 밖의 재료 등 자세한 내용은 P226~을 참조하기 바란다.

NORD
북부

TRENTINO-ALTO ADIGE
트렌티노 알토 아디제 주
FRIULI-VENEZIA GIULIA
프리울리 베네치아 줄리아 주
LOMBARDIA
롬바르디아 주
VALLE D'AOSTA
발레 다오스타 주
돌로미테 산맥
에르바
트렌토
바레제
베르가모
아오스타
고리치아
바사노 델 그라파
밀라노
트레비소
트리에스테
비첸자
파비아
베네치아
베로나
카살레 몬페라토
만토바
토리노
VENETO
베네토 주
랑게 언덕
페라라
제노바
볼로냐
LIGURIA
리구리아 주
EMILIA-ROMAGNA
에밀리아로마냐 주
PIEMONTE
피에몬테 주

메밀가루, 옥수수가루 등
한랭지의 소재를 활용한 깊은 풍미의 과자

알프스 산맥을 경계로 프랑스, 스위스, 오스트리아, 슬로베니아와 육지로 연결된 국경을 맞대고 있는 북이탈리아는 긴 역사 속에서 근린 제국의 영향을 받으며 식문화를 형성해왔다. 겨울은 기온이 낮고 눈도 오기 때문에 온난한 남부에 비해 수확할 수 있는 작물이 적다. 하지만 그 식재료를 활용해 만든 북이탈리아의 과자는 깊은 풍미를 지닌 것이 많다.

롬바르디아에서 에밀리아로마냐에 걸친 포강 유역의 평야 지대는 낙농이 활발한 지역. 강수량이 많은 데다 18세기 이후에는 관개 시설이 정비되어 목초 재배 기술이 발전했다. 그런 이유로 과자에도 버터나 생크림 등의 유제품이 널리 사용되었다. 추위에 견딜 수 있게 몸을 따뜻하게 하고, 에너지를 비축할 필요도 있었을 것이다. 연질 소맥과 쌀 생산지이기도 해 이를 사용한 과자도 많다. 산악 지대에서는 겨울의 혹독한 추위로 인해 토양이 척박해 소맥 재배가 어렵기 때문에 메밀이나 옥수수 등의 곡물 가루가 사용되는 특징이 있다. 산간부에서는 일찍이 밤이나 헤이즐넛이 귀중한 영양원이었다. 과일은 사과, 복숭아, 살구, 체리 등을 재배해 잼이나 콩포트로 만들어 보존했다.

중세에는 베네치아나 제노바에서 번성한 동방 무역으로 중동 세계로부터 설탕과 향신료 수입이 증가했다. 또 신대륙 발견 이후인 16세기에는 피에몬테에 카카오가 전해지는 등 이탈리아 과자 문화 발전에 크게 관련된 지역이기도 하다.

현재는 밀라노를 중심으로 유행을 도입해 새롭게 두각을 나타내는 과자점이 다수 등장하고 있지만 토리노와 베네치아에는 창업 수백 년의 역사를 자랑하는 오래된 과자점과 카페도 다수 현존한다.

토르타 디 노촐레
TORTA DI NOCCIOLE

고소한 헤이즐넛의 풍미가 일품인 포슬포슬한 식감의 케이크

●카테고리: 타르트·케이크 ●상황: 가정, 과자점
●구성: 헤이즐넛 + 박력분 + 달걀 + 버터

아름다운 포도밭이 펼쳐진, 피에몬테 주 남부의 랑게 언덕. 세계유산에도 등록된 이 지역은 와인 애호가들에게는 친숙한 바롤로, 바르바레스코와 같은 레드 와인의 생산지이다. 또한 헤이즐넛의 명산지로도 세계적으로 널리 알려진 지역이다. 이곳에서 수확되는 헤이즐넛은 톤다 젠틸레 품종. 향이 무척 좋고 맛도 진하다.

도토리와 비슷한 헤이즐넛 열매는 '개암나무 열매'라고도 한다. 둥근 껍질 안에 열매가 1개씩 들어 있다. 이탈리아에서는 겨울이면 헤이즐넛을 탁자에 올려놓고 각자 껍질을 까먹는 풍습이 있다.

토르타 디 노촐레는 피에몬테의 가정은 물론 과자점에서도 매우 인기 있는 과자로, 선물용으로 포장 판매되는 제품도 있을 정도이다. 원래는 농민들이 늦여름부터 가을에 수확한 모양이 좋지 않은 헤이즐넛을 갈아 크리스마스에 만들어 먹었던 케이크였다고 한다. 요즘은 보형성과 풍미를 높이기 위해 과거에는 넣지 않았던 박력분이나 카카오를 사용한 레시피도 많다.

'헤이즐넛을 바짝 구워내는 것이 맛있는 토르타(torta, 케이크)를 만드는 포인트'라며 피에몬테 출신의 지인이 알려주었다. 피에몬테의 헤이즐넛은 오븐에 구워 풍미가 더욱 깊어진다. 소박한 케이크일수록 양질의 재료를 사용하는 것이 중요하다.

가을철이면 시장에 등장하는 헤이즐넛. 중량 단위로 판매된다. 최고 품질의 헤이즐넛도 1kg에 5유로 정도로 저렴한 편.

토르타 디 노촐레(지름 15cm의 원형틀 / 1개분)

재료

껍질을 벗긴 헤이즐넛……100g
그래뉴당……100g
달걀노른자……2개 분량
달걀흰자……2개 분량
녹인 버터……20g
A
- 박력분……100g
- 베이킹파우더……10g
- 코코아파우더……2작은술

레시피

1. 180℃로 예열한 오븐에서 10분 구워낸 헤이즐넛과 그래뉴당 25g을 푸드 프로세서에 넣고 분말 상태로 만든다.
2. 볼에 달걀노른자와 나머지 그래뉴당을 넣고 거품기로 잘 섞은 후, 녹인 버터를 넣고 섞는다. 1을 넣고 함께 섞는다.
3. 끝이 살짝 휘어질 정도(80%)로 거품을 낸 달걀흰자의 절반을 넣고 주걱으로 섞은 후 A를 넣어 섞는다.
4. 나머지 달걀흰자를 넣고 거품이 꺼지지 않도록 대강 섞어 유산지를 깐 틀에 붓는다. 180℃의 오븐에서 약 40분 굽는다.

바치 디 다마

BACI DI DAMA

헤이즐넛과 초콜릿이 들어간 비스코티

◆ ◆ ◆ ◆ ◆ ◆ ◆ ◆ ◆ ◆ ◆ ◆ ◆ ◆ ◆ ◆ ◆ ◆ ◆ ◆

- 카테고리: 비스코티
- 상황: 가정, 과자점
- 구성: 박력분 + 헤이즐넛파우더 + 설탕 + 초콜릿 + 버터

비스코티 2개가 입맞춤(baci, 바치)을 하는 듯한 형태에서 '귀부인의 키스'라는 이름이 붙었다. 현재는 피에몬테 주 전역에서 만들어지지만 그 발상지는 남동부의 토르토나. 1852년, 당시 이 일대를 통치하던 사보이아 왕가의 비토리오 에마누엘레 2세의 상찬을 받으면서 유럽 전역에 전파되었다고 한다. 한 입에 쏙 들어가는 크기부터 지름 5㎝가 넘는 크기까지 다양한 크기가 있다. 아몬드나 카카오를 사용한 종류도 있다.

바치 디 다마(40개분)

재료

A

- 박력분……200 g
- 그래뉴당……200 g
- 헤이즐넛파우더……200 g
- 바닐라파우더……2 g
- 소금……3 g

버터(실온 상태의 부드러운 버터)……200 g

비터 초콜릿……200 g

레시피

1 볼에 A를 넣고 섞은 후 실온 상태의 부드러운 버터를 1㎝ 크기로 깍둑썰어 넣고 가루류와 어우러지도록 손으로 잘 섞어 한 덩어리로 뭉친다.

2 지름 2㎝의 공 모양으로 성형해 유산지를 깐 트레이에 올린다.

3 180℃로 예열한 오븐에 넣고 약 15분 구워 그대로 식힌다. 열에 녹아 반으로 쪼개진 쿠키지의 위아래를 뒤집어 바닥면이 위로 오게 둔다.

4 잘게 자른 초콜릿을 중탕으로 녹인 후 3의 한쪽 면에 올린다. 다른 한쪽을 덮어 2개의 쿠키지가 하나로 합쳐진 공 모양이 되도록 만든다. 나머지도 같은 방법으로 만든다.

크루미리

KRUMIRI,CRUMIRI

대표적인 바닐라 풍미의 비스코티

◆ ◆ ◆ ◆ ◆ ◆ ◆ ◆ ◆ ◆ ◆ ◆ ◆ ◆ ◆ ◆ ◆ ◆ ◆

- ●카테고리: 비스코티
- ●상황: 가정, 과자점
- ●구성: 박력분+설탕+달걀+버터

토리노의 동쪽, 카살레 몬페라토에서 전해진 비스코티. 현재는 이탈리아 전역의 슈퍼에서도 구입할 수 있을 만큼 친숙한 과자이지만 그 원조는 1878년 과자 장인 도메니코 로시 씨가 처음 만들었다. 살짝 구부러진 형태는, 같은 해 세상을 떠난 비토리오 에마누엘레 2세에 대한 경의의 표시로 그의 수염을 본뜬 모양이라고 한다. 단단한 식감과 버터와 바닐라의 풍미가 어쩐지 추억에 젖게 만든다. 자바이오네(→P22)나 초콜라타 칼다와 곁들이는 것이 전통적인 방식이다.

크루미리(50개분)

재료

박력분…350 g
버터……110 g
그래뉴당……140 g
달걀(전란)……1개
달걀노른자……1개분
바닐라파우더……소량
소금……2 g

레시피

1 박력분 이외의 모든 재료를 볼에 넣고 거품기로 잘 섞은 후, 박력분을 넣고 손으로 쥐듯이 치대 하나로 뭉친다.
2 지름 1㎝의 톱날 모양 깍지를 끼운 짤주머니에 넣고 유산지를 깐 트레이에 길이 5㎝의 초승달 모양으로 짠다.
3 180℃로 예열한 오븐에서 약 15분 굽는다.

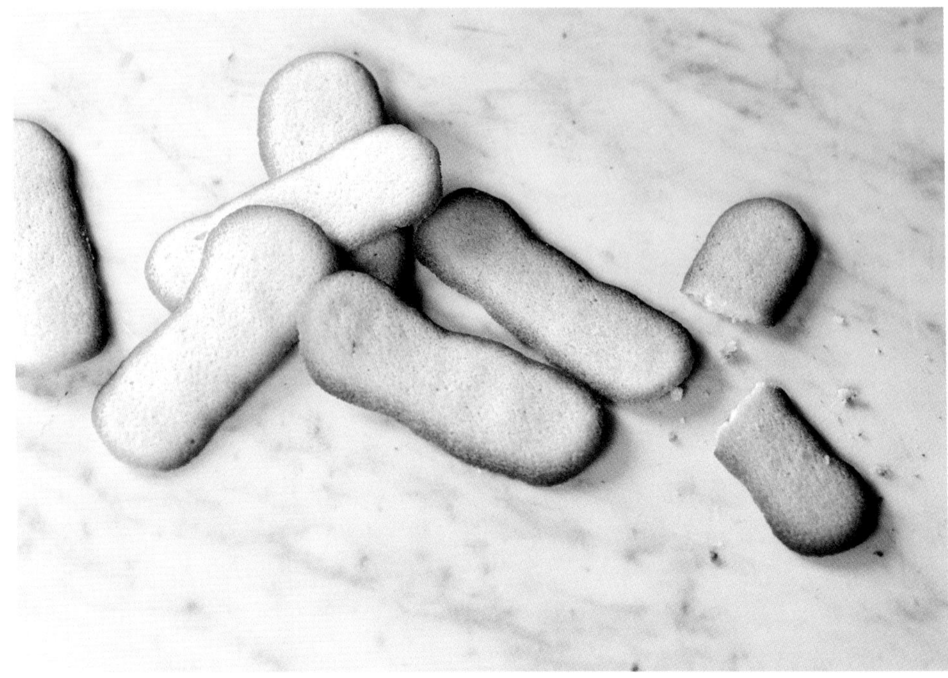

링구에 디 가토
LINGUE DI GATTO

프랑스 발상의 진한 버터 비스코티

◆ ◆ ◆ ◆ ◆ ◆ ◆ ◆ ◆ ◆ ◆ ◆ ◆ ◆ ◆ ◆ ◆ ◆ ◆

- 카테고리: 비스코티
- 상황: 가정, 과자점
- 구성: 박력분 + 설탕 + 버터 + 달걀흰자

가늘고 긴 모양이 고양이 혀와 비슷하다고 하여 '고양이 혀'라는 이름이 붙었다. 프랑스에서 처음 탄생해 프랑스와 국경을 맞대고 있는 피에몬테 지방의 전통 과자로 자리 잡은 이 비스코티는 오늘날 유럽 전역에서 커피나 홍차에 곁들이는 과자로 사랑받고 있다. 동량의 재료 4가지만으로 만드는 심플한 과자로, 반죽을 얇게 짜내는 것이 바삭한 식감의 비결이다. 피에몬테의 달콤한 와인 모스카토, 자바이오네(→P22), 초콜라타 칼다에 곁들여 먹는다.

링구에 디 가토(14개분)

재료

버터(실온 상태의 부드러운 버터)……50 g
분당……50 g
달걀흰자……50 g
박력분……50 g

레시피

1 볼에 실온 상태의 부드러운 버터와 그래뉴당을 넣고 버터가 잘 어우러지도록 거품기로 섞는다.
2 달걀흰자, 박력분 순으로 넣고, 그때마다 부드럽게 될 때까지 잘 섞는다.
3 짤주머니에 지름 1㎝의 깍지를 끼운 후 2를 넣고 유산지를 깐 트레이에 8㎝ 길이로 짜낸다.
4 190℃로 예열한 오븐에서 8~10분, 가장자리에 살짝 구움색이 날 정도로 굽는다.

메링게
MERINGHE

과자 장인의 고향인 스위스의 마을 이름에서 유래

◆ ◆ ◆ ◆ ◆ ◆ ◆ ◆ ◆ ◆ ◆ ◆ ◆ ◆ ◆ ◆ ◆ ◆ ◆

- 카테고리: 비스코티
- 상황: 가정, 과자점
- 구성: 달걀흰자 + 설탕

1700년경, 스위스 메링겐이라는 마을에 살던 이탈리아인 과자 장인 가스파리니가 처음 만들어 이런 이름이 붙었다고 한다. '스푸미니(spumini)'라고도 불린다. 밀가루가 전혀 들어가지 않는 메링게를 한입 베어 물면 입 안 가득 솜사탕 같은 달콤함이 퍼진다. 한입에 쏙 들어가는 작은 것부터 주먹만 한 크기까지 다양하다. 저온에서 타지 않게 천천히 굽는 것이 포인트이다.

메링게(지름 5㎝ / 12개분)

재료

달걀흰자……50 g
그래뉴당……100 g
레몬즙……5㎖
소금……한 자밤

레시피

1 달걀흰자와 소금을 볼에 넣고 핸드믹서로 가볍게 풀어준 후, 그래뉴당과 레몬즙을 조금씩 넣어가며 끝이 살짝 휘어질 정도로 거품을 낸다.
2 지름 1㎝의 깍지를 끼운 짤주머니에 1을 넣어 유산지를 깐 트레이에 지름 5㎝ 정도로 둥글게 짜낸다.
3 100℃로 예열한 오븐에서 약 1시간, 중심부까지 확실히 마르도록 구워낸다.

토리노에서 본 커다란 꽃 모양 메링게.

A
B

A 사보이아르디
SAVOIARDI

사보이아 가문의 사랑을 한 몸에 받은 명조연

●카테고리: 비스코티
●상황: 가정, 과자점
●구성: 박력분+설탕+달걀

오랜 역사를 지닌 과자로, 1348년 프랑스 왕이 사보이아가를 방문했을 때 대접한 것이라고 전해진다. 부드러우면서도 바삭한, 섬세한 식감이 매력적인 비스코티이다. 자바이오네를 비롯해 초콜라타 칼다, 커스터드 크림 등과도 잘 어울리는 명조연이다. 지금은 이탈리아 전역의 슈퍼에서도 손쉽게 살 수 있지만 직접 만든 사보이아르디와는 약간 다르다. 이탈리아 귀족의 사랑을 한 몸에 받은 사보이아르디를 맛보고 싶다면, 꼭 직접 만들어보기 바란다.

사보이아르디(45개분)

재료

박력분……125 g
그래뉴당……95 g
달걀노른자……5개분
달걀흰자……5개분
분당……50 g

레시피

1 볼에 달걀노른자와 그래뉴당 50 g을 넣고 점성이 생길 때까지 거품기로 섞는다.
2 다른 볼에 달걀흰자를 넣고 나머지 그래뉴당을 3번에 나눠 넣으며 끝이 살짝 휘어질 정도로 거품을 낸다.
3 1에 2의 1/3 분량을 넣고 주걱으로 대강 섞은 후, 박력분 1/3 분량을 넣고 섞는다. 마찬가지로, 나머지 박력분을 2번에 나눠 넣으며 그때마다 잘 섞는다.
4 짤주머니에 3을 채워, 유산지를 깐 트레이에 5~6㎝ 길이로 짜낸다.
5 분당을 듬뿍 뿌려 160℃로 예열한 오븐에서 15~20분 굽는다.

B 자바이오네
ZABAIONE

중세부터 전해지는 심플한 달걀노른자 크림

●카테고리: 스푼 과자
●상황: 가정
●구성: 달걀노른자+설탕+마르살라 와인

달걀노른자와 설탕을 크림 상태가 될 때까지 거품을 내기만 하면 완성되는 무척 간단한 달걀노른자 크림. 1861년 이탈리아 통일을 계기로 시칠리아에서 만들어진 마르살라 와인을 넣는 것이 전통이다. 이탈리아인들은 '어릴 적 감기에 걸리면 엄마가 만들어주셨던 것'이라고 입을 모아 말하는데 그 발상은 사보이아 가문. 사보이아르디에 곁들이는 것이 관례이다.

자바이오네(6인분)

재료

달걀노른자……90 g
그래뉴당……50 g
마르살라 와인……75㎖

레시피

1 볼에 달걀노른자와 그래뉴당을 넣고 거품기로 크림 상태의 점성이 생길 때까지 섞는다.
2 마르살라 와인을 넣고 중탕하며 80℃가 될 때까지 거품기로 공기를 넣어주며 계속 섞어 풍성한 크림을 만든다.

A
B

A 보네
BONET

아마레티를 넣은 초콜릿 푸딩

●카테고리: 스푼 과자
●상황: 가정, 바·레스토랑
●구성: 아마레티 + 달걀 + 우유 + 카카오 + 설탕

주 남동부 랑게 지방의 과자. 보네는 피에몬테의 방언으로 '모자'를 뜻하는데, 당시의 보네 틀이 모자처럼 생긴 데서 유래했다고 한다.

16세기 무렵, 이 지역에 코코아파우더가 전해지기 전에는 카카오가 들어가지 않은 푸딩과 같은 것이었으나 17세기 들어 카카오가 등장하면서 지금의 보네가 탄생했다. 쫀득한 식감이 특징으로, 비터 아몬드와 럼주의 향이 카카오와 잘 어울린다.

보네(지름 6cm의 푸딩틀 / 8개분)

재료

아마레티(하단 참조)……50 g
달걀……2개
그래뉴당……120 g
우유……200mℓ
럼주……2mℓ
코코아파우더……30 g
그래뉴당(캐러멜용)……50 g

레시피

1 냄비에 캐러멜용 그래뉴당과 물 2큰술(분량 외)을 넣고 중불에 올려 그대로 젓지 말고 갈색이 될 때까지 끓인 후 바로 틀에 붓는다.
2 아마레티를 푸드 프로세서로 갈아 분말 상태로 만든다.
3 볼에 달걀과 그래뉴당을 넣고 거품기로 점성이 생길 때까지 섞는다. 2, 체 친 코코아파우더, 럼주, 우유를 넣고 전체가 잘 어우러지도록 섞어 1의 틀에 붓는다.
4 오븐 트레이에 물을 넣고 150℃로 예열한 오븐에서 약 30분 중탕으로 굽는다.

B 아마레티
AMARETTI

달콤쌉싸름한 아몬드 쿠키

●카테고리: 비스코티
●상황: 가정, 과자점
●구성: 아몬드 파우더 + 설탕 + 달걀흰자

원형은 아랍에서 탄생해, 중세 르네상스기에 유럽 전역에 전파되었다고 한다. 그 후, 피에몬테의 사보이아가에서 지금의 형태가 되면서 피에몬테의 향토 과자로 자리 잡았다. 아마레티라는 이름은 '쓰다'는 뜻의 '아마로(amaro)'에서 유래했다. 아마레티의 쓴맛은 본래 비터 아몬드의 풍미인데 국내에서는 구하기 어려워 비터 아몬드 에센스로 대용했다.

아마레티(약 16개분)

재료

아몬드파우더……75 g
그래뉴당……75 g
달걀흰자……25 g
비터 아몬드 에센스……5방울

레시피

1 볼에 아몬드파우더와 그래뉴당을 넣고 가볍게 섞는다.
2 끝이 살짝 휘어질 정도로 거품을 낸 달걀흰자, 아몬드 에센스를 넣고 주걱으로 전체가 잘 어우러지도록 섞는다.
3 트레이에 유산지를 깔고 지름 2.5cm의 공 모양으로 성형해 올린다. 170℃로 예열한 오븐에서 약 15분, 겉면에 노릇한 구움색이 날 때까지 굽는다.

판나 코타
PANNA COTTA

가장 단순하지만 가장 맛있다

●카테고리: 스푼 과자 ●상황: 가정, 과자점, 바·레스토랑
●구성: 생크림+설탕+젤라틴

이제는 일본의 레스토랑에서도 맛볼 수 있는 유명 디저트 판나 코타. '익힌 생크림'이라는 의미의 이 과자는, 그 이름 그대로 생크림에 설탕과 젤라틴을 넣고 녹인 후 그릇에 담아 차갑게 굳힌 이른바 생크림 푸딩이다. 이탈리아 전역의 가정과 레스토랑 등에서 인기 있는 디저트이다.

판나 코타의 탄생에는 여러 설이 있다. 1900년대 초, 랑게 지방에 살던 헝가리 출신 여성이 만들었다거나 피에몬테에 전해진 프랑스의 바바루아가 변형된 것이라는 설도 있고 아랍에서 유래된 시칠리아 과자 비앙코 만자레(→P201)가 원형이라는 설 등……1900년대 탄생한 과자라는 것은 분명해 보이지만 비교적 최근의 이야기인 것치고는 의외로 확실치 않다. 다만, 낙농이 발달해 유제품 생산이 많은 피에몬테 지방이었기 때문에 판나 코타가 탄생할 수 있었을 것이다.

원래는 캐러멜 소스였지만 최근에는 베리류 소스를 얹는 경우도 많으며 크기도 다양하다.

지인들에게 판나 코타 레시피를 물어봤을 때 의외로 많았던 것이 우유와 생크림을 반반씩 넣는 방법이었다. 아마도 건강 면에서 칼로리를 줄인 가벼운 맛을 추구하는 사람이 늘었기 때문일 것이다. 생크림만으로 만든 진하고 쫀득한 식감이 식후의 디저트로는 다소 부담스럽다는 것이다. '전통은 시대의 흐름과 함께 조금씩 변화하기 때문에 전통으로 남는 것이다.' 누가 한 말인지는 잊었지만, 정말 그럴지도 모른다는 생각이 들었다. '바뀌면 안 된다'는 생각에 지나치게 얽매이다 보면 시대의 흐름에서 밀려나 사라질 뿐이다. 시대의 흐름과 함께 적절히 변화하며 후세에 전해지는 것이 아닐까. 심오한, 전통 과자의 세계.

판나 코타(5인분)

재료

생크림……200mℓ
그래뉴당……40g
바닐라 빈……1/3개
판 젤라틴……4g
캐러멜 소스
- 그래뉴당……50g
- 물……50mℓ

레시피

1 판 젤라틴을 물(분량 외)에 넣고 10분 정도 불려 부드럽게 만든다.
2 냄비에 생크림, 그래뉴당, 줄기에서 긁어낸 바닐라 빈을 넣고 약불에 올려 끓기 직전 물기를 제거한 1을 넣고 잘 섞는다.
3 그릇에 담아 냉장고에 넣고 약 3시간 정도 식힌다.
4 캐러멜 소스를 만든다. 작은 냄비에 분량의 물을 넣고 끓인다. 프라이팬에 그래뉴당을 넣고 중불에 올려 갈색으로 졸아들기 시작하면 뜨거운 물을 한 번에 넣고 주걱으로 재빠르게 섞은 후 불에서 내린다. 식으면 3에 끼얹는다.

B
A

A 테골레
TEGOLE

버터와 견과류의 풍미가 살아 있는 기와 모양 쿠키

◆ ◆ ◆ ◆ ◆ ◆ ◆ ◆ ◆ ◆ ◆ ◆ ◆ ◆ ◆ ◆ ◆ ◆ ◆ ◆

- 카테고리: 비스코티
- 상황: 가정, 과자점
- 구성: 견과류 + 박력분 + 설탕 + 버터 + 달걀흰자

알프스 기슭, 스위스와의 국경에 위치한 도시 아오스타의 비스코티. 둥그스름한 모양이 테라코타 기와(tegola)와 비슷하다고 하여 이런 이름이 붙었다. 고소한 견과류와 진한 버터의 풍미가 살아 있는 바삭한 비스코티로, 특유의 진한 풍미는 추운 지방의 특징이다. 아오스타의 과자점에서는 상자에 담긴 선물용 테골레도 찾아볼 수 있다. 보통 크레마 디 코녜와 함께 제공한다.

테골레(약 60개분)

재료

껍질을 벗기지 않은 아몬드……80 g
헤이즐넛……80 g

A
- 그래뉴당……200 g
- 박력분……60 g
- 바닐라파우더……적당량
- 소금……한 자밤

녹인 버터……60 g
달걀흰자……4개분

레시피

1 아몬드와 헤이즐넛은 푸드 프로세서로 갈아 분말 상태로 만든 후, 볼에 넣는다. A를 넣고 주걱으로 섞다 녹인 버터를 넣고 계속 섞는다.
2 1에 끝이 살짝 휘어지도록 거품을 낸 달걀흰자를 넣고, 거품이 꺼지지 않도록 부드럽게 될 때까지 섞는다.
3 유산지를 깐 트레이에 2의 반죽을 스푼으로 떠서 지름 4㎝의 원형으로 얇게 펼친다. 트레이를 작업대에 가볍게 내리쳐 반죽을 더 얇게 펴고 180℃로 예열한 오븐에서 약 10분, 가장자리에 노릇한 구움색이 날 때까지 굽는다.
4 오븐에서 꺼내 식기 전에 밀대를 대고 살짝 눌러 곡선 형태로 만든다.

◆ ◆

B 크레마 디 코녜
CREMA DI COGNE

알프스의 겨울을 따뜻하게 데워주는 초콜릿 크림

◆ ◆ ◆ ◆ ◆ ◆ ◆ ◆ ◆ ◆ ◆ ◆ ◆ ◆ ◆ ◆ ◆ ◆ ◆ ◆

- 카테고리: 스푼 과자
- 상황: 바·레스토랑, 가정
- 구성: 달걀노른자 + 생크림 + 우유 + 설탕 + 초콜릿

코녜는 몽블랑 자락에 있는 그란 파라디소 국립공원의 거점으로 유명한 마을. 초콜릿이 들어간 자바이오네(→P22)라고도 할 수 있는 크림으로, 이 지역의 추운 겨울을 따뜻하게 나기 위해 영양이 풍부한 크림에 테골레를 적셔 먹었을 것이다. 다만, 칼로리는 모르는 편이 나을 것이다.

크레마 디 코녜(4인분)

재료

달걀노른자……4개분
그래뉴당……120 g
우유……500㎖
생크림……250㎖
비터 초콜릿(잘게 다진다)……50 g
바닐라파우더……적당량

레시피

1 냄비에 달걀노른자, 그래뉴당 80 g을 넣고 거품기로 하얗게 점성이 생길 때까지 섞는다.
2 다른 냄비에 우유, 생크림을 넣고 중불에 올려, 체온 정도로 따뜻하게 데운다. 잘게 다진 초콜릿을 넣고 계속 저으며 초콜릿을 녹인다. 1에 붓고 바닐라파우더를 뿌려 잘 섞는다.
3 프라이팬에 나머지 그래뉴당을 넣고 살짝 졸인 후 2에 넣고 함께 섞는다.
4 중불에 올려 되직해질 때까지 계속해서 젓는다.

카네스트렐리
CANESTRELLI

삶은 달걀노른자가 들어간 포슬포슬한 식감의 과자

●카테고리: 비스코티 ●상황: 가정, 과자점
●구성: 달걀노른자+박력분+옥수수 전분+버터+설탕

이탈리아의 어느 슈퍼에나 있다고 해도 과언이 아닌 이 과자는 본래 리구리아 출신. 농민 발상의 비스코티로, 중세부터 리구리아 내륙부에서 만들어졌다. 과거에는 결혼식이나 종교 행사 때 사용되었다고 한다. 작은 바구니에 담아 나눠주었기 때문에 그것을 의미하는 '카네스트렐리(canestrelli)'라는 이름이 붙었다. 리구리아 주 타자라는 마을의 가운데 구멍이 뚫린 도넛 모양의 비스코티와 피에몬테 주의 얇은 와플과 같은 완전히 다른 비스코티도 카네스트렐리라고 불리는데 둘 다 바구니에 담아 저장한데서 유래된 이름이라고 한다.

겉으로 보기엔 꽃 모양의 평범한 쿠키이지만, 남다른 요리법이 특징이다. 반죽에 삶은 달걀노른자를 넣는다는 것이다. 포슬포슬한 식감을 내기 위해서인데 일반 구움 과자와 같이 생달걀을 그대로 넣으면 반죽에 찰기가 생겨 그 독특한 식감이 나오지 않는다. 그런 이유로 삶은 달걀노른자를 넣어 찰기를 억제한다고 한다. 만들기 전에는 달걀노른자만으로 반죽이 될까……싶어 걱정도 되었지만 막상 해보니 어렵지 않게 촉촉하고 부드러운 반죽을 만들 수 있었다. 꽃 모양 틀로 찍어낸 후 중앙에도 작은 구멍을 내 오븐에 구웠다. 어떤 식감일지 설레는 마음으로 기다리다 다 구워진 과자가 식기를 기다려 드디어 입에 넣었다. 포슬포슬 아니 부슬부슬하게 흩어지는 그 섬세한 식감은 내가 이제껏 먹어본 다른 어떤 카네스트렐리와도 전혀 다른 것이었다.

최근에는 유통이 발달해 멀리 떨어진 지방의 전통 과자도 살 수 있게 되었지만 역시 그 원점이라고 할 만한 것은 그 지역에서 먹어보지 않으면 진짜를 맛볼 수 없다는 사실을 다시 한 번 확인했다. 언젠가 리구리아에 가서 오리지널 카네스트렐리를 맛볼 것이다.

카네스트렐리(지름 5㎝의 마거리트 틀 / 약 24개분)

재료

달걀노른자(완숙으로 삶은 것)……2개분
버터(사용 직전까지 냉장고에서 차게 식힌다)……100 g
A
- 박력분……100 g
- 옥수수 전분……65 g
- 설탕……50 g
- 바닐라파우더……소량

레시피

1 볼에 A를 넣고 섞는다. 차게 식힌 버터를 1㎝ 크기로 깍둑잘라 넣고 손으로 섞는다.
2 완숙 노른자를 체에 걸러 넣고, 전체가 잘 어우러질 때까지 치대 랩을 씌워 냉장고에 넣고 약 1시간 휴지시킨다.
3 작업대에 덧가루를 충분히 뿌린 후 반죽을 꺼내 밀대를 이용해 1㎝ 두께로 편다. 지름 5㎝의 마거리트 틀로 찍어낸 후 중앙에도 약 1㎝의 원형 틀을 이용해 구멍을 뚫는다.
4 유산지를 깐 트레이에 올리고 170℃로 예열한 오븐에서 약 15분, 구움색이 나지 않도록 굽는다. 그대로 식혀 분당(분량 외)을 뿌린다.

판돌체 제노베제

PANDOLCE GENOVESE

제노바의 크리스마스를 장식하는 달콤한 빵

●카테고리: 빵·발효 과자 ●상황: 가정, 과자점, 축하용 과자
●구성: 발효 반죽+과일 당절임+펜넬 씨+건포도

크리스마스 시즌의 발효 과자라고 하면 파네토네(→P50)가 유명하지만 리구리아의 크리스마스에는 판돌체가 빠지지 않는다. 둘 다 건과일이 들어간 발효 과자라는 것은 동일하지만 그 형태와 식감은 전혀 다르다.

전통적인 판돌체는 맥주 효모가 아닌 밀가루와 물만으로 발효시킨 천연 효모를 사용해 장시간 발효한다. 리구리아의 주도 제노바는 항구 도시로 일찍이 지중해 무역이 왕성한 지역이었다. 장시간 발효시킨 판돌체는 보존성이 매우 좋기 때문에 항해에 가져가기에도 적합했다. 또 펜넬 씨, 오렌지 플라워 워터, 마르살라 와인이 들어가는 것도 무역이 왕성한 도시였다는 것을 말해준다.

판돌체는 '알토(alto, 높은)'와 '바소(basso, 낮은)' 2종류가 있는데, 쿠폴라(cupola, 돔) 형태의 알토가 전통적. 바소는 베이킹파우더가 생긴 이후 발효 공정이 간략화되면서 만들어지기 시작한 것으로, 전통적인 방법으로 만든 것일수록 보존성이 떨어지지만 요리법이 간편해 가정에 침투했다.

바다 건너까지 전파된 판돌체는 오늘날 영국에서 '셀커크 배넉(selkirk bannock)'이라는 이름으로도 널리 알려져 있다.

마르살라 와인은 시칠리아 섬 마르살라에서 만들어진 주정 강화 와인. 1861년 이탈리아 통일 이후 북부에서도 사용되었다.

판돌체 제노베제(지름 18cm / 1개분)

재료

박력분……250g
맥주 효모……13g
그래뉴당……75g
소금……2g

A
- 버터(실온 상태의 부드러운 버터)……50g
- 미온수(40℃ 정도)……25㎖
- 마르살라 와인……25㎖
- 오렌지 플라워 워터……1작은술

B
- 건포도(미온수에 불려 물기를 짠다)……40g
- 오렌지 당절임(굵게 다진다)……30g
- 펜넬 씨……5g
- 잣……20g

레시피

1 볼에 미온수 40㎖(분량 외), 맥주 효모, 그래뉴당 1큰술 정도를 녹인 후 박력분 30g을 넣고 섞어 따뜻한 장소에서 30분 발효시킨다. 추가로 박력분 30g을 넣고 섞어 30분 발효시킨다.
2 나머지 박력분과 소금을 넣고 섞은 후, 중앙을 움푹하게 만든다. 거기에 남은 그래뉴당, A를 넣고 부드럽게 될 때까지 치댄다. B를 넣고 반죽한 후 따뜻한 장소에 2~3시간 두고 2배 크기로 부풀 때까지 발효시킨다.
3 반죽의 공기를 빼면서 한 덩어리로 뭉쳐 유산지를 깐 트레이에 올린 후 젖은 면포를 덮어 따뜻한 장소에서 2시간 발효시킨다.
4 중앙에 십자 모양의 칼집을 넣고 180℃로 예열한 오븐에서 약 50분 굽는다.

스브리솔로나

SBRISOLONA

옥수수가루와 라드의 소박한 맛

- 카테고리: 타르트·케이크 ● 상황: 가정, 과자점
- 구성: 아몬드 + 박력분 + 옥수수가루 + 설탕 + 라드 + 달걀노른자

롬바르디아 주 만토바에서 탄생한 인기 과자. '3컵 토르타(케이크)'라고도 불리는데 원래 레시피가 동량의 박력분, 옥수수가루, 그래뉴당을 사용하기 때문이다. 그게 바로 인기의 비결이기도 하다. 누구나 간단히 쉽게 만들 수 있다는 것. 볼 하나에 재료를 차례로 넣고 손으로 뭉치거나 섞어 틀에 부은 후 오븐에 넣으면 끝. 원형 틀이 없으면 사각형 트레이라도 상관없다. 간단하지만 깜짝 놀랄 만큼 맛있다. 옥수수가루의 포슬포슬한 식감과 라드가 들어가 바삭바삭한 식감을 낸다. 이 식감은 박력분이나 버터만으로는 낼 수 없다.

원래는 16세기경부터 만들었던 농민 발상의 과자로, 처음에는 옥수수와 헤이즐넛 가루를 사용했다고 한다. 그 이름은 빵 부스러기라는 뜻의 '브리촐레(briciole)'에서 유래했다. 농민이 밀가루를 빻을 때 흩어진 부스러기를 모아 라드와 섞어 만든 것이 시초였다고 한다. 또 스브리솔로나는 원래 손으로 잘라 먹었다. 지금보다 기름기가 적었기 때문에 자르면 푸슬푸슬 부서졌는데 그 모습이 빵 부스러기 같았다는 것이다. 그 후, 귀족들이 즐겨 만들면서 설탕, 아몬드, 레몬이 들어가는 등 레시피가 조금씩 바뀌었다.

지금은 각 가정마다 다양한 레시피가 있어 '3컵 토르타'라는 별칭도 차츰 의미가 없어지고 있지만 그 맛은 변함없이 맛있다.

스브리솔로나(지름 21㎝ 원형틀 / 1개분)

재료

껍질을 벗긴 아몬드(굵게 다진다)
……175 g

A
- 박력분……95 g
- 옥수수가루……60 g
- 그래뉴당……75 g
- 바닐라파우더……2 g
- 달걀노른자……1개분
- 레몬 제스트……1/2개분

버터(실온 상태의 부드러운 버터)……45 g
라드 또는 버터……35 g

레시피

1. 볼에 a를 넣고 대강 섞는다.
2. 실온 상태의 버터를 1㎝ 크기로 잘라 라드와 함께 넣고 손끝으로 비비듯 빵 부스러기처럼 만든다(한 덩어리로 뭉치지 않는다). 잘게 다진 아몬드를 넣고 가볍게 섞는다.
3. 버터(분량 외)를 바른 틀에 2를 넣고 180℃로 예열한 오븐에서 약 25분, 표면에 갈색으로 구움색이 날 때까지 굽는다.

라드는 돼지기름을 끓여 수분을 날리고 남은 지방분. 이탈리아에서는 슈퍼에서도 쉽게 구할 수 있다.

토르타 파라디소

TORTA PARADISO

파비아의 '천국의 케이크'

●카테고리: 타르트·케이크 ●상황: 가정, 과자점
●구성: 박력분 + 전분 + 버터 + 설탕 + 달걀

1878년, 롬바르디아 주 파비아의 과자 장인 엔리코 비곤이 처음 만들었다. 이 케이크를 한 입 먹은 후작 부인이 '천국(파라디소)의 맛!'이라고 감탄했다는 일화에서 유래했다고 한다. 그 후 1906년, 밀라노 박람회에서 금상을 수상하면서 명성을 얻게 되었다. 현재도 원조 토르타 파라디소를 만든 과자 장인 엔리코 비곤의 과자점 'Pasticceria Enrico Vigoni'가 같은 자리에서 이 과자를 만들고 있다.

하지만 진짜 원조는 수도원에서 탄생했다는 설도 있다. 약초를 캐러 간 수도사가 한 젊은 여성을 만나 케이크 레시피를 배웠다. 수도사가 그녀를 생각하며 만든 케이크의 섬세하고 부드러운 식감이 천사와 같았던 그 여성을 떠올리게 했다고 하여 수도사들은 그 케이크에 '천국의 토르타'라는 이름을 붙였다고 한다. 그 후, 후작을 통해 그 이야기를 전해들은 엔리코가 레시피를 완성시켰다는 것이다. 무척 로맨틱한 이야기이다.

토르타 파라디소는 식후에 먹는 디저트라기보다는 단 것으로 시작하는 이탈리아인의 아침식사에 안성맞춤이다. 감자 전분이 많이 들어가기 때문에 입 안에서 사르르 녹는 식감과 버터와 달걀의 풍미가 풍성하다. 소박한 외형 때문에 천국의 케이크로는 보이지 않지만 그 맛은 상상하는 것 그 이상이다.

그러고 보니 시칠리아에도 '천국의 케이크'가 있다. 시럽을 듬뿍 적신 스펀지케이크에 살구 잼을 바르고 아몬드 반죽을 격자 모양으로 덮어 구운 후 또 한 번 잼을 바른 케이크이다. 생각만 해도 무척 달 것 같은 이 토르타는 정말 깜짝 놀랄 만큼 달다! 지인은 '천국이 아니라 지옥의 토르타'라며 웃었지만 시칠리아 사람들은 이 단맛을 견딜 재간이 없는 것이다. 이탈리아의 남과 북, 그들이 상상하는 천국은 과연 같은 것일까 아니면 다른 것일까.

토르타 파라디소(지름 21㎝의 원형틀 / 1개분)

재료

박력분……80 g
전분……80 g
베이킹파우더……4 g
버터(실온 상태의 부드러운 버터)……125 g
그래뉴당……125 g
달걀(전란)……2개
달걀노른자……2개분
레몬 제스트……1/2개분

레시피

1 박력분, 전분, 베이킹파우더를 한꺼번에 체에 친다.
2 볼에 실온 상태의 버터를 넣고 거품기로 가볍게 섞은 후 그래뉴당을 3번에 나눠 넣으며 그때마다 하얗게 될 때까지 섞는다.
3 달걀(전란), 달걀노른자를 절반씩 넣고 그때마다 거품기로 잘 섞는다.
4 3에 1을 넣고, 거품이 꺼지지 않도록 주걱으로 대강 섞은 후 레몬 제스트를 넣고 다시 섞는다.
5 버터를 바르고 박력분을 뿌린(각 분량 외) 틀에 붓고 170℃로 예열한 오븐에서 25~30분 굽는다.

오펠레 만토바네
OFFELLE MANTOVANE

반죽에 소를 채워 굽는 사라져가는 전통 비스코티

●카테고리: 비스코티 ●상황: 가정
●구성: 박력분 베이스의 반죽+박력분 베이스의 필링

롬바르디아 동부, 베네토 주와의 경계에 있는 만토바의 비스코티.

오펠레는 라틴어의 '오파(offa)'라는 '작은 포카치아'를 의미하는 말에서 유래했다. 최초의 오펠레는 15세기의 스타 셰프였던 마에스트로 마르티노가 남긴 책에 등장하는데 치즈, 달걀흰자, 시나몬, 생강, 사프란이 들어간 리피에노(ripieno, 필링)를 밀가루로 만든 반죽에 싸서 구운 것이었다고 한다. 그만큼 오랜 역사를 가진 오펠레 만토바네이지만 지금은 과자점에서는 거의 찾아보기 어렵고 주로 가정에서 만드는 과자가 되고 말았다.

지금의 레시피는 치즈를 사용하지 않고, 반죽에는 밀가루가 베이스인 필링을 채우기 때문에 오븐에 구우면 반죽과 필링이 하나가 되어 입에 넣고 씹어도 처음에는 필링이 들어있는 줄도 모른다. 하지만 씹다보면 파삭한 겉면과 약간 촉촉한 필링의 식감이 다르다는 것을 분명히 느낄 수 있을 것이다.

최근에는 이렇게 사라져가는 과자에 주목하는 과자 장인도 등장했다. 사라져가는 전통, 그것을 부활시키려는 과자 장인. 앞으로 이 비스코티의 행방을 눈여겨보아야 할 것이다.

오펠레 만토바네(약 30개분)

재료

반죽
- 버터(실온 상태의 부드러운 버터)……110g
- 분당……75g
- 달걀노른자……3개분(60g)
- 소금……2g
- 바닐라파우더……적당량
- 박력분……375g

A
- 박력분……110g
- 옥수수전분……45g
- 분당……50g
- 달걀노른자……2개분
- 녹인 버터……40g

달걀흰자……90g
그래뉴당……60g
분당(마무리용)……적당량

레시피

1 반죽을 만든다. 볼에 실온 상태의 버터, 분당, 달걀노른자를 넣고 섞은 후 소금, 바닐라파우더, 박력분을 넣고 손으로 쥐듯이 치대 한 덩어리로 만든다. 냉장고에서 1시간 휴지시킨다.
2 필링을 만든다. 볼에 A를 넣고 주걱으로 비비듯이 섞는다.
3 다른 볼에 달걀흰자를 넣고 그래뉴당을 3번에 나눠 넣으며 끝이 살짝 휘어질 정도로 거품을 내고 2에 넣어 거품이 꺼지지 않도록 주걱으로 대강 섞는다.
4 성형한다. 작업대에 덧가루를 뿌리고 1의 반죽을 밀대를 이용해 3㎜ 두께로 편 후, 지름 8㎝의 마거리트 틀로 찍어낸다. 반죽 중앙에 3을 올린 후 브러시를 이용해 가장자리에 풀어놓은 달걀흰자(분량 외) 물을 발라 반으로 접고 손가락으로 눌러 단단히 봉합한다.
5 유산지를 깐 트레이에 올려 150℃로 예열한 오븐에서 25~30분 굽는다. 식으면 분당을 뿌린다.

아모르 폴렌타
AMOR POLENTA

옥수수가루와 아몬드가루가 들어간 황금빛 케이크

●카테고리: 구움 과자 ●상황: 가정, 과자점
●구성: 옥수수가루＋아몬드가루＋박력분＋버터＋설탕＋달걀

롬바르디아 북서부 바레제의 명물 과자. 1960년대, 과자 장인 카를로 잠벨레티가 고향의 향수를 느낄 수 있는 명과를 만들고자 처음 고안한 것이라고 한다.

'폴렌타를 향한 사랑'이라는 이름의 케이크. 밀 생산이 적합지 않은 척박하고 한랭한 지역이었으나 15세기 아메리카 대륙의 발견으로 비교적 척박한 땅에서도 자라는 옥수수 재배 기술이 들어오면서 옥수수가루로 만든 폴렌타가 주식이 되었다. 그 후, 옥수수가루를 사용한 과자와 비스코티도 만들어졌다. 폴렌타는 롬바르디아를 대표하는 식문화로 자리 잡았다. 그런 옥수수에 대한 애정을 담아 이 케이크를 만들었을 것이다. 옥수수가루가 들어가 황금빛을 띠는 이 케이크는 아몬드가루를 사용해 무척 촉촉하면서도 분당의 포슬포슬한 식감도 함께 느낄 수 있는 것이 재미있다.

어디가 가장 좋은지 물으면 열이면 열 '내가 태어난 고향이지!'라고 대답할 만큼 향토애가 강한 이탈리아인. 식문화에도 그런 향토애가 고스란히 반영되어 있다는 것을 과자를 통해 더욱 깊이 느낄 수 있다.

옥수수가루는 보통 거친 가루가 많지만 최근에는 곱게 갈아낸 제품도 나와 있으며 식감이 전혀 다르다.

아모르 폴렌타(24×6㎝의 파운드틀 / 1개분)

재료

버터(실온 상태의 부드러운 버터)……125g
분당……115g
달걀(전란)……1개
달걀노른자……2개분
소금……1g
옥수수가루……40g
아몬드가루……70g
바닐라파우더……소량
박력분……45g
아마레토(마라스키노)……15㎖

레시피

1 볼에 실온 상태의 버터, 분당을 넣고 핸드믹서로 하얗게 될 때까지 거품을 낸다.
2 달걀(전란), 달걀노른자를 1개씩 넣으며 그때마다 잘 섞고 소금을 넣은 후 다시 섞는다.
3 옥수수가루, 아몬드가루, 바닐라파우더를 넣고 거품기로 잘 섞은 후 박력분을 넣고 주걱으로 섞는다. 아마레토를 천천히 넣으며 가볍게 섞는다.
4 버터를 바르고 옥수수가루를 뿌린(각 분량 외) 틀에 3을 붓고 180℃로 예열한 오븐에서 약 40분 굽는다. 식으면 틀에서 꺼내 분당을 뿌린다.

마지고트
MASIGOTT

견과류와 건포도가 들어간 감사제 과자

●카테고리: 구움 과자 ●상황: 가정, 과자점, 축하용 과자
●구성: 박력분 + 메밀가루 + 옥수수가루 + 버터 + 설탕 + 달걀 + 견과류 + 과일 당절임

호숫가의 피서지로 인기인 롬바르디아 주 코모 인근, 에르바 근교의 향토 과자.

이 과자가 탄생한 배경은 확실치 않지만, 가을이 되면 그 해의 수확에 감사하며 만들었던 과자라고 한다. 16세기에는 밀라노의 사제 카를로 보로메오가 산타 에우페미아에게 바치는 과자로 만들었다고 한다. 현재도 에르바에서는 10월 셋째 주 일요일 마지고트 축제(또는 산타 에우페미아 축제)가 열리며, 많은 마지고트 노점이 들어선다.

마지고트는 이 지방의 방언으로 '못생긴, 볼품없는'이라는 뜻인데, 이 과자가 워낙 소박한 모양이라 그렇게 불리었다고 한다. 해삼처럼 생긴 갈색 덩어리는 과연 '못생긴'이라는 이름이 딱 들어맞는다. 하지만 잘라보면 견과류와 감귤류의 풍미가 가득해 그 맛은 결코 볼품없지 않다는 것을 상상할 수 있다. 메밀가루나 옥수수가루가 들어가는 것도 롬바르디아 과자의 특징이다.

역사가 깊은 과자이지만 오랫동안 정식 무대에서 사라졌다 1970년대 에르바 과자 장인들에 의해 재발견되면서 과자점이나 가정에서도 만들어지게 되었다. 2000년에는 이탈리아의 농림수산성이 인정하는 'P.A.T.(Prodotti Agroalimentari Tradizionali Italiani)'라는 전통 지방 식품으로 공식 인증을 받기에 이르렀다.

마지고트(20×12cm/1개분)

재료

버터(실온 상태의 부드러운 버터)……50 g
그래뉴당……100 g
달걀(전란)……1개
소금……한 자밤
A
- 박력분……100 g
- 메밀가루……50 g
- 옥수수가루……50 g
- 베이킹파우더……8 g

B
- 호두(굵게 다진다)……25 g
- 잣……25 g
- 건포도……35 g
- 오렌지 당절임(굵게 다진다)……25 g
- 레몬 제스트……1/2개분

레시피

1 B의 건포도는 미온수에 담가 부드럽게 만든 후 물기를 제거한다. 볼에 실온 상태의 버터와 그래뉴당을 넣고 주걱으로 섞는다.
2 작은 볼에 달걀과 소금을 넣고 잘 풀어 1에 넣고 부드럽게 될 때까지 거품기로 섞는다.
3 A를 한꺼번에 체에 친 후 2에 넣고 잘 어우러지게 섞은 후 1의 건포도와 B를 넣어 잘 섞는다.
4 반죽을 17×10㎝의 타원형으로 성형해 유산지를 깐 트레이에 올린다. 170℃로 예열한 오븐에서 약 40분, 표면에 노릇한 구움색이 날 때까지 굽는다.

살라메 디 초콜라토

SALAME DI CIOCCOLATO

살라미 모양의 초콜릿 과자

◆ ◆ ◆ ◆ ◆ ◆ ◆ ◆ ◆ ◆ ◆ ◆ ◆ ◆ ◆ ◆ ◆ ◆ ◆ ◆

●카테고리: 비스코티
●상황: 가정
●구성: 비스코티 + 코코아파우더 + 버터 + 설탕 + 달걀노른자

롬바르디아를 중심으로 한 북이탈리아의 과자이지만, 먼 남쪽 시칠리아 섬에도 '살라메 디 투르코(sarame di turco)'라고 불리는 비슷한 과자가 있다. 비스코티를 부수어 카카오, 달걀노른자, 녹인 버터와 섞어 굳히면 끝이다. 겉보기에도 그렇지만 자른 단면은 진짜 살라미와 비슷하다. 어떤 비스코티를 사용해도 좋지만 거칠게 또는 곱게 부수는 정도에 따라 식감이 달라진다. 오븐이 필요 없기 때문에 간단히 만들 수 있고 선물용으로도 적합하다.

살라메 디 초콜라토

(지름 약 4㎝의 막대 모양 / 1개분)

재료

기호에 맞는 비스코티(밀대로 거칠게 부순다)……125g
녹인 버터……50g
달걀노른자……1개분
그래뉴당……50g
럼주……10㎖
코코아파우더……25g

레시피

1 볼에 달걀노른자와 그래뉴당을 넣고 거품기로 섞은 후 녹인 버터와 럼주를 넣고 잘 섞는다.
2 1에 코코아파우더를 넣고 주걱으로 전체가 잘 어우러지도록 섞은 후 거칠게 부순 비스코티를 넣고 함께 섞는다.
3 유산지에 2를 올리고 돌돌 말아 지름 4㎝의 막대 모양으로 성형한다. 냉장고에 넣고 약 2시간, 식히며 굳힌다.

키아케레
CHIACCHIERE

와삭와삭 소리까지 경쾌한 카니발의 튀긴 과자

- 카테고리: 튀긴 과자
- 상황: 가정, 과자점. 축하용 과자
- 구성: 박력분 + 설탕 + 달걀 + 리큐어

카니발 기간에 등장하는 과자로 부지에(피에몬테), 크로스톨리(트렌티노), 갈라니(베네토), 프라페(에밀리아 로마냐), 첸치(토스카타)* 등 이탈리아 각지에서 저마다 다른 이름으로 불리며 들어가는 술도 마르살라 와인, 그라파, 빈 산토 등으로 제각각이다. 키아케레는 '수다'를 뜻하는 말로 와삭와삭, 파삭파삭한 소리가 부인들이 수다를 떠는 느낌을 표현한 것이라고 한다. 이탈리아인 특유의 장난기 섞인 작명이다.

* 부지에 = bugie, 크로스톨리 = crostoli, 갈라니 = galani, 프라페 = frappe, 첸치 = cenci

키아케레(32개분)

재료

반죽
- 박력분……250 g
- 그래뉴당……25 g
- 달걀(전란)……1개
- 마르살라 와인……60㎖
- 레몬 제스트……1/2개분
- 버터(실온 상태의 부드러운 버터)……15 g

땅콩기름(튀김용)……적당량
분당(마무리용)……적당량

레시피

1. 볼에 버터 이외의 반죽 재료를 넣고 함께 섞는다.
2. 실온 상태의 버터를 넣고 부드럽게 될 때까지 치댄다. 랩을 씌워 냉장고에 넣고 약 1시간 휴지시킨다.
3. 반죽을 덧가루를 뿌린 작업대에 올려놓고 밀대를 이용해 2㎜ 두께로 편다. 칼로 5×10㎝ 크기로 자른 후 중앙에도 2줄로 칼집을 넣는다.
4. 170℃로 가열한 땅콩기름에 노릇하게 튀기고 식으면 분당을 뿌린다.

폴렌타 에 오제

POLENTA E OSEI

마지팬으로 만든 작은 새가 장식된 베르가모의 명물

●카테고리: 생과자 ●상황: 과자점
●구성: 스펀지케이크 반죽 + 헤이즐넛 버터크림 + 마지팬

아름다운 중세의 도시 베르가모를 걷다 보면, 여기저기에서 이 노란색 케이크를 볼 수 있을 것이다. 폴렌타 에 오제는 롬바르디아 주 베르가모를 대표하는 생과자. 베르가모의 상공회의소가 폴렌타 에 오제라는 이름은 이 지역에서 만들어진 과자에만 붙일 수 있다고 선언했을 만큼 뿌리 깊은 베르가모의 명물 과자이다.

이 지방에는 사냥한 참새 등의 작은 새를 구워 폴렌타(옥수수를 끓인 죽과 같은 요리)와 함께 먹는 풍습이 있다. 오제는 이 지역 방언으로 '작은 새'를 뜻한다. 그 향토 요리와 이 과자 모두 '폴렌타와 작은 새'라는 이름으로 불린다.

헤이즐넛 버터크림을 바른 스펀지케이크를 노란색 마지팬으로 덮은 이 케이크. 기발한 외형과는 반대로 버터크림이 들어가서인지 어딘가 낯익은 맛이다. 이름에 폴렌타가 들어가지만 옥수수가루는 사용하지 않고 표면에 뿌린 그래뉴당으로 가슬가슬한 식감을, 노란 마지팬으로는 그 색을 표현했다고 한다. 다양한 의미에서, 이탈리아인의 놀라운 상상력을 느낄 수 있는 과자이다.

현지에서는 작은 새를 거꾸로 매달아 굽는다고 하는데, 사실 조금 오싹한 광경이다.

폴렌타 에 오제(지름 7㎝의 반구형 틀 / 5개분)

재료

기본 스펀지케이크 반죽 (→P222)……절반량

크림
- 버터(실온 상태의 부드러운 버터)……150g
- 분당……50g
- 헤이즐넛 크림……50g
- 비터 초콜릿(70%, 중탕으로 녹인다)……25g
- 달걀흰자……50g
- 그래뉴당……35g

시럽
- 그래뉴당……40g
- 물……100㎖

코팅용
- 기본 마지팬 반죽 (→P224-A)……250g
- 노란색 분말 색소……소량
- 그래뉴당……적당량

장식용
- 기본 마지팬 반죽……50g
- 코코아파우더……1작은술

레시피

1 기본 스펀지케이크 반죽을 지름 7㎝의 반구형 틀에 부어 굽는다.
2 크림을 만든다. 볼에 실온 상태의 버터와 분당을 넣고 거품기로 섞어 폭신한 거품을 만든다. 헤이즐넛 크림과 중탕한 비터 초콜릿을 넣고 섞는다.
3 다른 볼에 달걀흰자를 넣고 그래뉴당을 여러 번 나눠 넣으며 끝이 살짝 휘어질 정도로 거품을 낸다. 2에 넣고 함께 섞는다.
4 시럽을 만든다. 냄비에 재료를 넣고 중불에 올려 그래뉴당을 녹인 후 식힌다.
5 1의 스펀지케이크를 가로로 2등분해 양쪽 단면에 4의 시럽을 바른다. 아래쪽에 3의 크림을 발라 윗면을 덮고 표면에도 시럽, 크림 순으로 바른다.
6 코팅용 마지팬 반죽에 분말 색소를 넣어 노란색 마지팬을 만들고 얇게 펴서 5의 표면을 감싼 후 그래뉴당을 뿌린다.
7 장식용 새 모양 마지팬을 만든다. 마지팬 반죽에 코코아파우더를 넣고 반죽해 새 모양으로 성형한 후 6에 올린다.

콜롬바 파스콸레
COLOMBA PASQUALE

비둘기 모양의 부활절 발효 과자

● 카테고리: 빵·발효 과자 ● 상황: 과자점, 빵집, 축하용 과자
● 구성: 발효 반죽 + 오렌지 당절임 + 아몬드 베이스의 글라세

부활절이 다가오면 거리 곳곳에 등장하는 콜롬바. 콜롬바는 비둘기라는 뜻으로, 비둘기가 평화의 상징이기 때문에 부활절 과자가 되었지만 그 밖에도 부활절에는 달걀, 토끼, 양 등 다양한 상징물이 있다. 그중에서도 달걀 모양의 초콜릿 안에 '소프레자(sorprésa)'라고 불리는 깜짝 선물이 들어 있는 우보 디 파스쿠아(→P99)가 아이들에게 인기가 많아 부활절 시즌이 되면 슈퍼마켓은 콜롬보와 이 달걀 모양의 초콜릿으로 가득하다.

파네토네(→P50) 반죽과 비슷하지만 건포도 대신 오렌지 당절임이 듬뿍 들어간다는 차이가 있다. 또 표면에는 아몬드 베이스의 글라세(glacé, 당의)를 입히고 아몬드와 펄 슈거를 뿌려 굽는다. 풍성한 오렌지 향이 봄을 알리는 부활절에 안성맞춤인 과자이다.

콜롬바 파스콸레(용량 600g의 콜롬바 틀／1개분)

재료

A
- 마니토바 밀가루……95 g
- 우유……25㎖
- 물……65㎖
- 맥주 효모……4 g

B
- 마니토바 밀가루……65 g
- 그래뉴당……15 g
- 버터(실온 상태의 부드러운 버터)……15 g

C
- 마니토바 밀가루……140 g
- 그래뉴당……90 g
- 달걀(전란)……1개
- 버터(실온 상태의 부드러운 버터)……50 g
- 소금……10 g
- 오렌지 당절임(1㎝ 정도로 깍둑썰기)……60 g

글라세
- 껍질을 벗긴 아몬드……25 g
- 헤이즐넛……25 g
- 달걀흰자……35 g
- 그래뉴당……35 g
- 옥수수전분……15 g

펄 슈거(장식용)……10 g
껍질을 벗기지 않은 아몬드(장식용)……10 g

레시피

1. A의 반죽을 만든다. 작은 볼에 맥주 효모를 넣고 체온 정도로 데운 우유와 분량의 물을 넣고 녹인다. 다른 볼에 마니토바 밀가루와 함께 넣고 주걱으로 잘 섞는다. 30℃ 정도의 장소에서 2시간 발효시킨다.
2. B의 반죽을 만든다. 반죽용 후크를 장착한 믹서에 1과 그래뉴당을 넣고 섞는다. 마니토바 밀가루를 조금씩 넣으며 반죽이 한 덩어리로 뭉쳐지면 실온 상태의 버터를 넣고 부드럽게 될 때까지 섞는다.
3. 마니토바 밀가루를 가볍게 뿌린(분량 외) 볼에 넣고 30℃ 정도의 장소에서 1시간 반, 약 2배 크기로 부풀 때까지 발효시킨다.
4. C의 반죽을 만든다. 반죽용 후크를 장착한 믹서에 3과 그래뉴당을 넣고 반죽한다. 마니토바 밀가루를 조금씩 넣으며 섞다가 달걀과 소금을 넣고 계속 반죽한다. 실온 상태의 버터를 넣고 부드럽게 섞이면 1㎝ 정도로 깍둑썬 오렌지 당절임을 넣고 함께 반죽한다.
5. 다시 볼에 넣고 랩을 씌워 냉장고에서 약 16시간 휴지시킨다. 냉장고에서 꺼내 30℃ 정도의 장소에서 2~3시간 발효시킨다.
6. 덧가루를 뿌린 작업대 위에 반죽을 올리고 스크래퍼로 모아가며 둥글게 만든다.
7. 반죽을 틀에 넣고, 30℃의 장소에서 틀 높이 정도로 부풀 때까지 약 2시간 발효시킨다.
8. 푸드 프로세서에 글라세 재료를 넣고 부드럽게 될 때까지 섞은 후 10분 정도 방치해 잘 어우러지도록 한다.
9. 7의 윗면에 8의 글라세를 입힌 후 펄 슈거와 아몬드를 뿌린다.
10. 160℃로 예열한 오븐에 넣고 약 50분 구워, 반죽이 꺼지지 않도록 틀에 이쑤시개 2개를 꽂아 거꾸로 뒤집어 식힌다.

파네토네

PANETTONE

과일향 가득한 크리스마스의 발효 과자

●카테고리: 빵·발효과자 ●상황: 과자점, 빵집, 축하용 과자
●구성: 발효 반죽+건포도+과일 당절임

12월이 되면 이탈리아인들은 크리스마스 시즌이 다가온다는 것에 마음이 설레고 거리는 온통 파네토네로 가득하다. 지금은 이탈리아 전역에서 크리스마스 과자의 필두로 꼽히지만 원래는 롬바르디아에서 탄생한 과자로, 그 기원에는 여러 설이 있다. 가장 널리 알려진 설은 안토니오라는 이름의 장인이 만든 것으로 그의 애칭인 토니를 따 '파네 디 토니(pane di toni)'라고 불리다 그것이 변화해 파네토네가 되었다는 것이다. 그 밖에도 고대 로마 시대에 이미 그 원형이 존재했다거나 중세 무렵의 크리스마스 시즌에 평소보다 많은 재료를 넣어 풍미 가득한 빵을 만드는 관습이 있었다는 설 등이 있다. 참고로, 파네토네는 '커다란 빵'이라는 뜻이다. 과거에는 크리스마스 시즌이 되면 재료를 넉넉히 사용해 커다란 빵을 구웠던 것이 아닐까. 뭐가 됐든 아주 오래 전부터 이 지방에서 만들어진 발효 과자라는 것은 분명한 듯하다.

이탈리아의 파네토네는 밀가루와 물로만 만든 천연 효모를 사용한다. 수십 년을 매일 정성껏 관리하며 보존해온 효모이다. 파네토네는 반죽을 만들기 전 효모를 얻는 데만 3번의 발효가 필요하며, 성형한 후에도 마지막 발효를 거쳐 오븐에 굽는다. 다시 말해, 총 4번의 발효가 필요하며 전 공정을 사흘에 걸쳐 천천히 발효시켜 만든다. 이런 장시간에 걸친 발효 덕분에 수개월 간 보존이 가능해지는 것이다.

10월이면 이기니오 마사리, 살바토레 데 리소 등 오늘날 과자 장인 업계를 지탱하고 있는 중진들이 심사위원을 맡은 파네토네 대회에서 전국 각지의 과자 장인들이 모여 실력을 겨룬다. 우승한 파네토네는 이후 인터넷으로도 판매되는데 눈 깜짝할 사이에 동이 난다.

최근에는 초콜릿, 피스타치오 풍미 등 다양한 종류의 파네토네가 등장하고 나도 매년 다양한 파네토네를 먹어보고 있지만 결국에는 클라시코라고 불리는 오렌지 당절임과 건포도가 들어간 전통적인 파네토네를 선택하게 된다. 파네토네가 든 커다란 포장 상자를 열면 크리스마스의 향기가 가득 풍긴다. 크리스마스 시즌에 빠질 수 없는 겨울의 풍물시이다.

슈퍼에는 이탈리아의 대형 제과업체에서 만든 파네토네가 가득 쌓여 있다.

파네토네(지름 16×높이 15㎝의 파네토네 틀 / 1개분)

재료

박력분……250 g
마니토바 밀가루……250 g
맥주 효모……14 g
그래뉴당……160 g
우유……60㎖
꿀……5 g
달걀(전란)……4개(200g)
달걀노른자……3개분(60g)
버터(실온 상태의 부드러운 버터)
……60 g + 100 g
소금……5 g
A
레몬 당절임(5㎜ 정도로 깍둑썰기)
……100 g
오렌지 당절임(5㎜ 정도로 깍둑썰기)
……40 g
건포도(미지근한 물에 불려 물기를 짠다)
……120 g

단백질 함유량이 높은 마니토바 밀가루는 발효력이 강해 주로 발효 과자나 빵에 사용된다.

레시피

1차 반죽을 만든다.

1 볼에 박력분, 마니토바 밀가루를 넣고 잘 섞는다.
2 40℃로 데운 우유에 맥주 효모 7 g, 꿀을 넣고 잘 녹인다.
3 반죽용 후크를 장착한 믹서 볼에 1의 가루 100 g, 2를 넣고 부드럽게 될 때까지 섞는다.
4 30℃ 정도의 장소에서 1시간, 약 2배 크기로 부풀 때까지 발효시킨다.

2차 반죽을 만든다

5 반죽용 후크를 장착한 믹서 볼에 4, 1의 가루 약 180 g, 나머지 맥주 효모, 달걀(전란) 2개를 넣고 잘 섞이도록 반죽한다.
6 그래뉴당 60 g을 넣고 반죽해 설탕이 보이지 않게 잘 섞이면 실온 상태의 버터 60 g을 3번에 나눠 넣으며 반죽이 한 덩어리가 될 때까지 섞는다.
7 30℃ 정도의 장소에서 2시간, 약 2배 크기로 부풀 때까지 발효시킨다.

3차 반죽을 만든다

8 반죽용 후크를 장착한 믹서 볼에 1의 나머지 가루, 7의 반죽, 나머지 달걀(전란), 달걀노른자를 넣고 부드럽게 될 때까지 반죽한다.
9 나머지 그래뉴당, 소금을 넣고 반죽해 설탕이 보이지 않게 잘 섞이면 실온 상태의 버터 100 g을 3번에 나눠 넣으며 반죽이 한 덩어리가 될 때까지 섞는다.
10 A를 넣고 전체가 잘 어우러지도록 반죽한다. 30℃ 정도의 장소에서 2시간, 약 2배 크기로 부풀 때까지 발효시킨다.

성형해 굽는다

11 덧가루를 뿌린 작업대에 반죽을 올리고 스크래퍼로 모아가며 반죽을 둥글게 만든다.
12 틀에 반죽을 넣고 30℃ 정도의 장소에서 2시간, 틀 높이 정도로 부풀 때까지 발효시킨다.
13 반죽 표면에 십자로 칼집을 넣고 버터 약 10 g(분량 외)을 올린다. 180℃로 예열한 오븐에서 약 10분 굽다 온도를 170℃로 낮춰 약 15분, 또 다시 160℃로 낮춰 약 20분 굽는다. 반죽이 꺼지지 않도록 틀에 이쑤시개 2개를 꽂아 거꾸로 식힌다.

브루티 에 부어니
BRUTTI E BUONI

'못생겼지만 맛있다' 헤이즐넛이 들어간 구운 머랭

◆ ◆ ◆ ◆ ◆ ◆ ◆ ◆ ◆ ◆ ◆ ◆ ◆ ◆ ◆ ◆ ◆ ◆ ◆ ◆

- 카테고리: 비스코티
- 상황: 가정, 과자점
- 구성: 머랭 + 헤이즐넛

롬바르디아, 바레제 호수 인근에 있는 가비라테의 향토 과자. 1878년 과자 장인 코스탄티노 베니아니가 처음 만들었으며 지금도 가비라테 중심지에 그의 과자점이 있다. 머랭과 헤이즐넛을 분쇄해 굽기 때문에 식감이 무르고 고소하다. 토스카나와 시칠리아에도 브루티 마 부어니(Brutti ma buoni, 못생겼지만 맛있다)라는 이름의 비슷한 과자가 있는데, 토스카나의 과자는 거의 같고 시칠리아는 아몬드로 만든다.

브루티 에 부어니(약 20개분)

재료

구운 헤이즐넛(굵게 다진다)……150 g
달걀흰자……75 g
그래뉴당……100 g
바닐라파우더……소량

레시피

1 헤이즐넛은 180℃로 예열한 오븐에서 구워 굵게 다진다.
2 볼에 달걀흰자를 넣고 가볍게 섞은 후 그래뉴당을 조금씩 넣으며 핸드믹서로 단단한 거품을 올린다. 바닐라파우더와 1을 넣고 잘 섞는다.
3 냄비로 옮겨 약불에 올리고 주걱으로 계속 저어가며 살짝 색이 나기 시작하면 불에서 내린다.
4 유산지를 깐 트레이에 3의 반죽을 스푼으로 떠서 지름 3㎝의 원형으로 간격을 띄우며 배치한다. 135℃로 예열한 오븐에서 40~45분, 수분이 완전히 날아갈 때까지 굽는다.

토르타 디 리소
TORTA DI RISO

볼로냐의 성체 축일에 등장하는 마름모꼴 과자

●카테고리: 타르트·케이크 ●상황: 가정, 과자점
●구성: 쌀+우유+설탕+달걀+아몬드+레몬+시트론 당절임

에밀리아로마냐의 주도 볼로냐의 과자로, 토르타 디 아도비(torta di addobbi)라고도 불리며 그리스도의 성체 축일(볼로냐에서는 페스타 디 아도비라고 한다)에 만든다.

성체 축일은 1470년부터 이어진 유서 깊은 축제로, 10년에 한 번 개최된다. 당시 시민들은 창가에 빨간색 옷을 장식하고, 이웃이나 지인의 집을 방문했다. 그런 손님에게 대접한 것이 토르타 디 리소였다. 작은 마름모꼴로 잘라 이쑤시개 같은 것을 꽂아 내놓았다고 한다. 1400년대, 당시 새로운 식재료였던 쌀과 설탕은 무척 귀한 것이었기 때문에 경사가 있을 때 소중히 사용되었다.

그런데 쌀 생산지도 아닌 이 지역에 어떻게 쌀로 만든 타르트 문화가 자리 잡아 명맥을 이어갈 수 있었던 것일까. 때는 1900년대 초반이었다. 아페닌 산맥의 산악지대에 거주하는 농민의 젊은 딸들은 쌀 생산지인 피에몬테 주 베르첼리로 돈을 벌러 갔다. 당시 남성은 임금을 금전으로 받았지만 여성에게는 임금 대신 쌀을 지급했다. 집으로 돌아갈 때가 되면 임금으로 40kg 정도의 쌀을 받았다고 한다. 쌀은 귀중한 식재료였기 때문에 축제 등의 경사에 과자를 만드는 데 사용했는데 그 전통이 현재까지 이어지고 있다.

우유에 끓인 쌀이 굉장히 부드러운 데다 아몬드, 시트론, 레몬과 같은 남쪽 지방의 식재료가 어딘가 이국적인 느낌도 준다. 가만히 생각해보면, 재료는 모두 동방 무역을 통해 북부에 들어온 것들이다. 새로 들어온 귀중한 식재료는 축하용 과자에 쓰이며 이 지방에 정착했다.

토르타 디 리소(14×18㎝ 사각 틀／1개분)

재료

쌀(카르나롤리 품종)……75 g
껍질을 벗긴 구운 아몬드(굵게 다진다)……45 g
시트론 당절임(굵게 다진다)……25 g
A
- 우유……375㎖
- 그래뉴당……75 g
- 바닐라파우더……소량
- 레몬 제스트……1/4개분

달걀(전란)……2개
아마레토……45㎖
버터……15 g
빵가루(곱게 간 타입)……적당량
분당(마무리용)……적당량

레시피

1 냄비에 A를 넣고 중불에 올린 후 끓으면 쌀을 넣고 약불로 줄여 약 20분, 수분을 모두 흡수할 때까지 끓인다.
2 볼에 옮겨 미지근하게 식힌 후 달걀물, 180℃의 오븐에서 구워 굵게 다진 아몬드, 시트론 당절임, 아마레토를 넣고 주걱으로 잘 섞는다.
3 버터를 발라 빵가루를 뿌린 틀에 2를 붓고 180℃로 예열한 오븐에서 약 50분간 굽는다. 식으면 틀에서 꺼내 분당을 뿌린 후 마름모꼴로 자른다.

사각 틀에 구우면 마름모꼴로 자르기 쉽지만, 사각 틀이 없으면 원형 틀로 만들어도 된다.

토르타 디 탈리아텔레

TORTA DI TAGLIATELLE

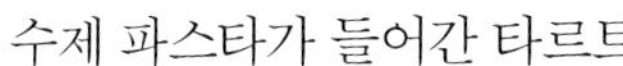
수제 파스타가 들어간 타르트

●카테고리: 타르트·케이크 ●상황: 가정, 과자점
●구성: 타르트 반죽 + 탈리아텔레 + 아몬드 + 설탕 + 아니스 리큐어

밀가루와 달걀만 사용해 만드는 수제 파스타 탈리아텔레는 에밀리아로마냐의 명물이라고 해도 과언이 아닐 만큼 유명한 파스타이다. 그 역사는 르네상스기로 거슬러 올라가며, 보르자가 출신의 페라라 공비 루크레치아 보르자의 금발 머리를 오마주해 만들었다고 한다. 아름다운 그녀의 머리칼을 탈리아텔레로 표현한 것이다.

틀에 타르트 반죽을 깔고 설탕과 아몬드를 섞은 필링과 파스타를 올려 구워내는 이 타르트는 반죽의 점성을 만드는 액상 재료가 전혀 들어가지 않기 때문에 칼로 자르면 와사삭 소리와 함께 간단히 부서진다. 타르트처럼 생겼지만 당연히 촉촉한 식감은 전혀 없으며 굳이 따지자면 비스코티를 먹는 듯한 느낌이다.

탈리아텔레는 본래 너비 8㎜ 정도의 파스타이지만, 이 타르트에는 더 얇은 탈리올리니를 쓰는 경우가 많다. 원래는 직접 만든 파스타로 만들지만, 이 책에서는 시판되고 있는 건조 파스타를 사용했다.

이탈리아의 슈퍼마켓에 가보면, 선반에 진열된 파스타의 양과 종류에 깜짝 놀랄 것이다. 우리에게는 쌀과 같은 존재일 테지만 이탈리아의 파스타만큼 다양하고 많은 쌀이 진열되어 있는 슈퍼마켓은 보지 못했다. 파스타가 이탈리아인들의 생활에 얼마나 중요한 존재인지 엿볼 수 있다. 그런 파스타를 과자에까지 사용할 정도니 이탈리아인의 파스타 사랑은 정말 대단하다!

미식의 도시라고도 불리는 볼로냐에는 생파스타 전문점이 많다.

거리에서 발견한 토르타 디 탈리아텔레. 분당이 듬뿍 뿌려져 있어 무척 달다.

토르타 디 탈리아텔레(지름 21cm의 타르트 틀 / 1개분)

재료

기본 타르트 반죽(→P222)……300 g
탈리아텔레(건면)……80 g
껍질을 벗긴 구운 아몬드(굵게 다진다)……100 g
그래뉴당……60 g
버터……15 g
아니스 리큐어……30㎖
분당(마무리용)……적당량

레시피

1 180℃의 오븐에서 구운 후 잘게 다진 아몬드와 그래뉴당을 섞는다.
2 밀대를 이용해 5㎜ 두께로 편 타르트 반죽을 버터(분량 외)를 바른 틀에 깔고 1의 절반을 펴넣는다.
3 탈리아텔레를 적당한 길이로 잘라 반죽에 올리고 1의 남은 절반을 뿌린 후 잘게 자른 버터를 전체적으로 고루 뿌린다.
4 180℃로 예열한 오븐에서 약 25분간 노릇하게 굽는다. 아니스 리큐어를 뿌려 식힌 후 분당을 뿌려 완성한다.

팜파파토

PAMPAPATO

초콜릿으로 코팅된 페라라 명과

●카테고리: 타르트·케이크 ●상황: 가정, 과자점, 축하용 과자
●구성: 박력분 + 설탕 + 아몬드 + 코코아파우더 + 우유 + 향신료 + 과일 당절임 + 초콜릿

에밀리아로마냐 주의 페라라는 르네상스기 이 지역을 다스린 에스테 가문 아래서 문화의 중심지로 번영한 도시이다. 팜파파토는 16세기 무렵 페라라의 코르푸스 도미니 수도원에서 크리스마스 과자로 만들었던 것이 기원이라고 한다.

'교황의 빵'이라는 뜻의 파네 델 파파(pane del papa)에서 유래된 이름이다. 교황이 쓰는 모자와 비슷한 형태와 당시 이탈리아에 막 들어온 보석과 비슷할 정도로 고가의 초콜릿이 쓰인 것을 생각하면 이 과자가 얼마나 귀중한 것이었는지 짐작할 수 있을 것이다. 움브리아 주 테르니에도 판페파토(panpepato)라는 이름의 비슷한 과자가 있는데, 여기에는 후추(pepe)가 들어가기 때문에 이런 이름이 붙었다. 초콜릿 코팅은 하지 않지만 판페파토 역시 크리스마스에 먹는 전통 과자이다.

형태는 낮은 반구형. 전체적으로 초콜릿 코팅을 했기 때문에 겉보기에는 소박해보이지만 자르는 순간 카카오, 감귤류, 향신료 등 다양한 향기가 어우러져 먹기 전부터 가슴이 뛴다. 유지가 들어가지 않은 단단하고 조밀한 반죽으로 장기 보존도 가능하다.

지금은 페라라의 상징적인 과자로 자리 잡아, 1년 내내 과자점 진열대에서 예쁘게 포장된 팜파파토를 만날 수 있다. 단단하고 잘 부서지지 않아 선물용으로도 인기가 높으며 이 지역 사람들은 특히 크리스마스 시즌이 되면 포르나포투나(portafortuna, 행운을 가져다주는 물건)로 알려진 겨우살이의 가지와 함께 선물하는 풍습이 있다.

팜파파토(지름 10×높이 3.5㎝의 반구형 틀 / 1개분)

재료

A
- 박력분……115 g
- 그래뉴당……85 g
- 껍질을 벗긴 아몬드……65 g
- 코코아파우더……40 g
- 과일 당절임(1㎝ 크기로 깍둑썰기)……55 g
- 시나몬파우더……1/2작은술
- 클로브파우더……1/4작은술

우유……70㎖
비터 초콜릿……100 g

레시피

1 아몬드는 그래뉴당과 함께 푸드 프로세서에 넣고 곱게 갈아낸다.
2 볼에 1과 A의 다른 재료를 넣고, 우유를 조금씩 넣으며 손으로 섞는다. 한 덩어리로 뭉쳐지면 작업대에 올려놓고 손을 물에 묻혀 지름 10㎝의 반구 모양으로 성형한 후 유산지를 깐 트레이에 올린다.
3 170℃로 예열한 오븐에서 약 40분간 구운 후 식힌다. 중탕에 녹인 초콜릿으로 전체를 코팅해 그대로 식힌다.

스폰가타

SPONGATA

고대부터 전해지는 꿀과 견과류가 들어간 크리스마스 타르트

- 카테고리: 타르트·케이크 ● 상황: 과자점, 가정, 축하용 과자
- 구성: 타르트 반죽 + 화이트 와인, 꿀, 빵가루, 견과류 등의 필링

스펀가타(spungata)라고도 불리는 크리스마스 과자. 그 이름은 '스푸냐(spugna=sponge, 표면이 균일하지 않고 우둘투둘하다)'라는 말에서 유래했다고 한다.

기원은 로마 제국 시대라고도 하고, 헤브라이인들로부터 유래되었다는 설도 있는데 어찌 됐든 고대부터 전해지는 전통 과자이다. 에밀리아로마냐뿐 아니라 롬바르디아의 만토바, 토스카나의 카라라, 리구리아의 사르자나 등의 광범위한 지역에서 조금씩 다른 레시피로 만들어지고 있는 과자이다. 사르자나는 온난한 지방답게 프룬이나 무화과 등의 건과일을 사용한 필링을 넣는다.

반죽은 화이트 와인을 끓여 다른 재료와 섞고, 필링의 베이스는 화이트 와인, 꿀, 빵가루, 견과류 등 어딘지 모르게 고대의 흔적이 느껴지는 재료가 사용된다. 소박한 외관과는 반대로 꿀과 견과류의 자연적인 단맛과 스파이시한 풍미가 가득한 무척 고급스러운 타르트이다. 다른 크리스마스 과자와 마찬가지로 보존성이 높기 때문에 크리스마스가 다가오면 대형 스폰가타를 구워 크리스마스 기간 내내 먹는다고 한다.

스폰가타(지름 18cm의 타르트 틀 / 1개분)

재료

반죽
- 박력분……200g
- 그래뉴당……75g
- 버터……70g
- 화이트와인……120mℓ
- 바닐라파우더……소량

필링
- 화이트 와인……150mℓ
- 꿀……125g
- 빵가루……40g
- 호두(굵게 다진다)……40g
- 아몬드(굵게 다진다)……20g
- 잣(굵게 다진다)……15g
- 건포도(굵게 다진다)……15g
- 시트론 당절임(굵게 다진다)……25g
- 넛맥 파우더……소량
- 시나몬 파우더……소량

레시피

1 반죽을 만든다. 화이트 와인을 끓여 알코올을 날리고 절반 정도로 졸아들면 불에서 내려 식힌다. 볼에 모든 반죽 재료를 넣고 부드럽게 될 때까지 치댄 후 1시간 휴지시킨다.

2 필링을 만든다. 냄비에 꿀, 화이트 와인을 넣고 중불에 올린다. 끓으면 불에서 내려 빵가루를 넣고 섞은 후 나머지 재료를 넣고 전체가 잘 어우러지도록 섞어 그대로 식힌다.

3 1의 반죽 절반을 밀대로 펴서 버터를 바른 후 박력분을 뿌린(각 분량 외) 틀에 깐다. 2를 넣고 평평하게 만든 후 1의 나머지 반죽을 밀대로 펴서 필링을 덮고 틀 바깥으로 삐져나온 반죽은 잘라낸다.

4 3의 표면에 군데군데 포크로 구멍을 뚫고 180℃로 예열한 오븐에서 약 30분간 굽는다.

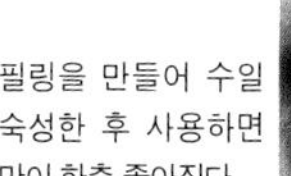

필링을 만들어 수일 숙성한 후 사용하면 맛이 한층 좋아진다.

체르토지노
CERTOSINO

향신료 가득한 볼로냐의 크리스마스 풍물시

●카테고리: 타르트·케이크 ●상황: 가정, 과자점, 축하용 과자
●구성: 박력분+설탕+코코아파우더+향신료+꿀+견과류+과일 당절임

볼로냐에 전해지는 크리스마스 과자. 가톨릭교 일파인 카르투시오회의 체르토사 수도원에서 만들었다고 하여 이런 이름이 붙었다. '판스페치알레(panspeziale=향신료를 넣은 빵)', '파노네(panone=커다란 빵)'이라고도 불린다.

중세 시대, 향신료나 과일 당절임은 약국에서 취급했으며 체르토지노도 당시에는 약국에서 만들었다. 그 후, 수도원에 계승되었다가 현재는 가정과 과자점에서 크리스마스 시즌의 대표적인 과자로 만들어지고 있다.

체르토지노는 크리스마스 한 달 전부터 준비가 시작된다. 원래는 반죽을 섞은 후 일주일 정도 숙성시키고, 구워낸 후 다시 수 주간 숙성한 후가 먹기 좋은 시기라는, 스케일이 남다른 케이크이다. 당시로서는 고가의 재료가 듬뿍 들어갔기 때문에 일설에 따르면 볼로냐의 방언 '판 스페치엘(pan spezièl, 스페셜한 빵)'이 체르토지노의 다른 이름인 판스페치알레의 어원이라는 설도 있다.

그렇다 해도 에밀리아로마냐 주에는 크리스마스 과자가 지나치게 많다. 그것은 일찍이 이 지역이 얼마나 번영했는지 그리고 과거에는 단 것이 얼마나 귀중했는지를 말해준다.

체르토지노(지름 18cm의 원형 틀 / 1개분)

재료

박력분……160 g
코코아파우더……15 g
베이킹파우더……2 g
그래뉴당……35 g
비터 초콜릿(굵게 다진다)……30 g
꿀(중탕해 녹인다)……170 g
잣……30 g
껍질을 벗긴 아몬드……100 g
시트론 당절임(1cm로 깍둑썰기)……40 g

전날 저녁에 준비
- 시나몬스틱……1/2개
- 클로브……3개
- 레드 와인……100mℓ

과일 당절임(장식용)……적당량
꿀(마무리용, 중탕해 녹인다)……적당량

레시피

1 전날 저녁, 레드 와인에 시나몬스틱과 클로브를 넣고 재운 후 다음날 체에 거른다.
2 볼에 장식 및 마무리용 재료를 제외한 모든 재료를 넣고 주걱으로 섞는다.
3 틀 바닥면과 옆면에 모두 유산지를 붙인 후 2를 부어 평평하게 만들고 면포를 덮어 약 4시간 반죽을 휴지시킨다.
4 과일 당절임을 올리고 180℃로 예열한 오븐에서 40~50분간 굽는다. 다 구워지면 뜨거울 때 중탕한 꿀을 브러시로 발라 그대로 식힌다.

다양한 과일 당절임. 크리스마스 과자를 비롯한 축하용 과자에 사용된다.

토르타 사비오사

TORTA SABBIOSA

모래와 같은 식감의 영양 만점 케이크

●카테고리: 타르트·케이크 ●상황: 가정, 과자점
●구성: 전분+설탕+달걀+버터

1700년경부터 베네토 주 트레비소 주변에서 만들어졌다고 하며, 자세한 내용은 알려지지 않았다. 현재는 계절에 관계없이 아침식사나 간식용으로 가정에서 흔히 만드는 케이크이다.

요리법은 달걀의 노른자와 흰자를 분리해 거품을 내는 별립식 버터케이크와 동일하지만 박력분이 아니라 감자에서 추출한 전분을 사용한다. 포슬포슬하게 부서지는 느낌과 모래알처럼 가슬가슬한 식감으로 '모래와 같은 케이크'라는 이름이 붙었다. 롬바르디아의 토르타 파라디소(→P36)와 비슷하지만, 토르타 파라디소는 전분 외에 박력분도 들어가기 때문에 식감이 약간 다르다.

전분은 이탈리아어로 페콜라 디 파타테(Fecola di Patate)라고 한다. 이탈리아에는 감자 전분 외에도 아미도 디 마이스(Amido di mais, 옥수수 전분), 아미도 디 그라노(Amido di grano, 소맥 전분)가 있다. 이렇게 다른 이름으로 불리는 데에는 제조 방법의 차이 때문이다. 페콜라는 건조시킨 감자를 빻아 추출하지만 아미도라고 불리는 옥수수나 소맥 전분은 곡물을 그대로 빻아 추출한다.

보리의 대량 생산지였던 남부에서는 지금도 아미도 디 그라노를 사용하며, 옥수수와 감자 재배가 왕성했던 북부에서는 아미도 디 마이스나 페콜라 디 파타테를 주로 사용한다. 겉보기에는 모두 똑같아 보이지만 점도가 저마다 다르기 때문에 대용하면 식감이 약간 달라진다.

다시 케이크 이야기로 돌아가자. 맛있는 토르타 사비오사를 만드는 비결은 실온 상태의 부드러운 버터를 그래뉴당과 합쳐 공기를 넣어주듯 거품을 내는 것이다. 이것이 부드러운 반죽을 만드는 비결이다. 입에 넣으면 무척 부드럽고 가볍지만 칼로리는 무시 못 한다! 그도 그럴 것이, 밀가루와 동량의 버터와 설탕이 들어가는 것이다. 커피와 곁들이면 좀처럼 포크를 내려놓을 수 없는 이 과자, 과식에는 요주의!

◆ ◆ ◆ ◆ ◆ ◆ ◆ ◆ ◆ ◆ ◆ ◆ ◆ ◆ ◆ ◆ ◆ ◆ ◆ ◆

토르타 사비오사(지름 15㎝의 원형 틀 / 1개분)

재료

버터(실온 상태의 부드러운 버터)……100g
그래뉴당……100g
달걀노른자……1개분
달걀흰자……1개분
레몬 제스트……1/4개분
베이킹파우더……3g
감자 전분……100g
분당(마무리용)……적당량

레시피

1 볼에 실온 상태의 부드러운 버터와 그래뉴당을 넣고 거품기로 잘 섞는다.
2 달걀노른자와 레몬 제스트를 넣고 감자 전분과 베이킹파우더를 각각 절반씩 넣어 주걱으로 잘 섞는다.
3 끝이 살짝 휘어질 정도로 거품을 낸 달걀흰자의 절반을 넣고 거품이 꺼지지 않도록 대강 섞는다. 나머지 감자 전분과 베이킹파우더를 넣고 가볍게 섞은 후 나머지 달걀흰자도 넣어 대강 섞는다.
4 버터를 바르고 박력분을 뿌린(각 분량 외) 틀에 반죽을 붓고 180℃로 예열한 오븐에서 약 25분간 굽는다. 식으면 기호에 따라 분당을 뿌린다.

잘레티
ZALETI

옥수수가루로 만든 비스코티

◆ ◆ ◆ ◆ ◆ ◆ ◆ ◆ ◆ ◆ ◆ ◆ ◆ ◆ ◆ ◆ ◆ ◆ ◆

●카테고리: 비스코티 ●상황: 가정, 과자점
●구성: 옥수수가루 + 박력분 + 설탕 + 버터 + 우유 + 달걀 + 건포도 + 그라파

옥수수가루가 들어가 황금빛을 띠는 이 비스코티는 작고 노란 것이라는 뜻의 '지알레티(gialletti)'에서 유래했다. '자에티(zaeti)'라고도 부른다. 박력분 양의 배량(倍量)에 가까운 옥수수가루가 들어가며, 베네토 지역의 유명한 증류주 그라파의 향긋한 풍미도 일품이다. 반죽이 부드럽기 때문에 손에 덧가루를 듬뿍 뿌려가며 성형한다. 식후, 베네토의 달콤한 와인에 적셔 먹으면 그만이다.

잘레티(12개분)

재료

A
- 옥수수가루……100g
- 박력분……65g
- 베이킹파우더……3g
- 그래뉴당……50g
- 소금……한 자밤

우유……50㎖
버터……35g
달걀……35g
건포도……35g
그라파……10㎖
분당(마무리용)……적당량

레시피

1 그라파에 미지근한 물을 섞어 건포도를 넣고 불린 후 물기를 짠다.
2 볼에 A를 넣고 섞는다.
3 작은 냄비에 우유를 넣고 끓이다 버터를 넣고 녹인 후 2에 섞는다. 손으로 섞다 달걀, 1을 넣고 주걱으로 섞어 아주 부드러운 반죽이 되면 냉장고에 넣고 약 30분간 휴지시킨다.
4 손에 덧가루를 듬뿍 뿌리고 길이 6㎝, 너비 3㎝의 타원형으로 성형한 반죽 12개를 유산지를 깐 트레이에 올린다. 180℃로 예열한 오븐에서 약 12분간 굽고, 식으면 분당을 뿌린다.

바이콜리
BAICOLI

과거 항해에도 가져갔던 두 번 구운 빵

●카테고리: 빵·발효 과자 / 비스코티 ●상황: 가정, 과자점, 빵집
●구성: 발효 반죽

바이콜리라는 이름은 '작은 (생선)농어'라는 뜻의 방언으로, 생선 모양을 나타낸 것이라고 한다. 소박한 외형과 달리 의외로 손이 많이 가는 과자로, 달짝지근한 빵을 구워 얇게 자른 후 다시 오븐에 굽는다. 베네치아가 해운 공화국으로 번영했던 시대, 항해에 가져가기 위해 빵을 두 번 구워 보존성을 높였다고 한다. 18세기에는 베네치아의 카페에서도 판매되었으며 지금도 이 지역의 아침식사에 빠지지 않는 과자이다.

바이콜리(약 40개분)

재료

A
- 박력분……75g
- 맥주 효모……8g
- 미온수……40㎖

B
- 박력분……125g
- 버터……25g
- 그래뉴당……25g
- 달걀흰자(가볍게 거품을 낸다)……1/2개분
- 소금……한 자밤

레시피

1 A의 반죽을 만든다. 볼에 분량의 미온수와 맥주 효모를 넣고 녹인 후 박력분을 넣고 치댄다. 따뜻한 장소에서 약 1시간, 2배 크기로 부풀 때까지 발효시킨다.
2 B의 반죽을 만든다. 볼에 모든 재료를 넣고 반죽한다. 한 덩어리로 뭉쳐지면(가루가 살짝 보여도 상관없다) 1을 넣고 전체가 잘 어우러질 때까지 치댄다.
3 20×4㎝로 성형한 후 면포를 덮어 따뜻한 장소에서 1시간~1시간 반 정도, 2배 크기로 부풀 때까지 발효시킨다.
4 180℃로 예열한 오븐에서 약 15분간 굽는다. 식으면 3~4㎜ 두께로 잘라 160℃의 오븐에서 약 10분간 구워 수분을 날린다.

부솔라 비첸티노
BUSSOLA' VICENTINO

비첸차의 소박한 가정 과자

●카테고리: 구움 과자 ●상황: 가정
●구성: 박력분 + 버터 + 설탕 + 달걀 + 그라파

15세기 베네치아 공화국 시대에 번영을 누린 비첸차의 가정 과자.

부솔라는 1500년대의 화가 지오반니 안토니오 파솔로의 프레스코화[*1]에도 등장하며 지금도 빌라 칼도뇨[*2]에 가면 볼 수 있다. 이 벽화를 보면, 한 젊은 여성이 지름 10㎝ 정도의 참벨라(ciambella, 이탈리아에서는 도넛 모양을 이렇게 부른다)형 과자가 놓인 쟁반을 들고 있는데 이 과자가 바로 부솔라 비첸티노이다. 세월이 흘러 그 심플함과 맛이 일반 시민에까지 퍼지면서 북으로는 바사노 델 그라파, 동으로는 트레비소까지 전파되었다. 보기에는 소박한 과자이지만 이렇게 오랜 역사를 지녔다니 놀라울 따름이다. 참고로, 부솔라는 이탈리아어로 나침반이라는 뜻이다. 나침반과 비슷하게 생긴데서 이런 이름이 붙었을 것이다.

바사노 델 그라파는 그라파라는 포도 껍질을 증류해 만든 식후주로 유명한 도시이다. 그라파가 듬뿍 들어간 레시피만 봐도 이 지역에서도 부솔라를 만들었으리라 짐작할 수 있다. 폭신한 케이크처럼 보이지만, 오븐에 굽기 전이나 구운 후에도 시트는 단단한 편이다.

요즘은 주로 커다란 참벨라 틀에 굽지만 빌라 칼도뇨가 있는 칼도뇨 거리의 과자점에는 과거 프레스코화에 등장하는 작은 크기의 부솔라가 진열되어 있다고 들었다. 언젠가 칼도뇨에 가서 이 프레스코화도 보고 부솔라도 맛보고 싶다.

*1 서양의 벽화 등에 사용되는 회화 기법의 하나.
*2 1565년 비첸차의 귀족 칼도뇨 가문이 교외에 지은 대저택. 일반에 공개되어 있다.

그라파의 알코올 도수는 30~60도. 포도 품종에 따라 풍미가 다르다.

부솔라 비첸티노(지름 16㎝의 참벨라 틀 / 1개분)

재료

버터(실온 상태의 부드러운 버터)……35 g
그래뉴당……35 g
달걀물……2개분
그라파……30㎖
박력분……165 g
베이킹파우더……6 g
소금……한 자밤
펄 슈거……적당량

레시피

1 실온 상태의 버터와 그래뉴당을 볼에 넣고 거품기로 섞는다. 달걀물, 그라파를 수회에 걸쳐 넣으며, 그때마다 반죽에 잘 어우러지도록 섞는다.
2 박력분, 베이킹파우더, 소금을 넣고 주걱으로 부드럽게 될 때까지 섞는다.
3 버터를 바르고 박력분을 뿌린(각 분량 외) 틀에 반죽을 붓고 펄 슈거를 듬뿍 뿌린다. 170℃로 예열한 오븐에서 30~40분간 굽는다.

핀차

PINZA

옥수수가루와 사과가 들어간 촉촉한 케이크

●카테고리: 타르트·케이크 ●상황: 가정
●구성: 옥수수가루 + 박력분 + 우유 + 과일

북이탈리아에는 핀차라는 이름의 과자가 과연 몇 개나 존재할까. 여기서 소개하는 핀차는 베네치아의 가정에서 만드는 과자로, 우유에 끓인 옥수수가루에 과일을 넣고 굽는다. 베네토 주에서는 크리스마스부터 1월 6일 공현절에 걸친 기간에 만들어 먹는 과자로, 핀차 델라 마랑테가(pinza della marantega)라고 부른다. 또 프리울리의 주도 트리에스테를 여행했을 때에는 둥근 빵처럼 생긴 핀차가 있었으며, 트렌티노 출신 지인은 같은 이름의 빵과 우유 타르트가 있다고 했다. 그 밖에 볼로냐에도 모스타르다(mostarda)라고 하는 과일 잼을 타르트 반죽으로 감싼 가늘고 길쭉한 모양의 핀차가 있다.

핀차는 본래 농민들이 집에 있는 자투리 재료를 이용해 만들었던 과자라고 한다. 밀가루는 빵이나 빵가루로 대체할 수 있으며 사과가 없으면 다른 과일을 사용해도 된다. 임기응변이 가능한 만큼 다양한 레시피가 있어 나를 혼란에 빠뜨렸다. 우유에 끓인 옥수수가루에 사과, 건과일, 견과류를 섞어 굽는 것이 기본으로, 촉촉한 식감의 케이크가 완성된다. 베네토의 프라골리노(fragolino)라는 딸기 리큐어나 향신료를 넣고 끓인 따뜻한 와인에 곁들여 먹으면 추운 겨울 몸을 따뜻하게 데울 수 있다.

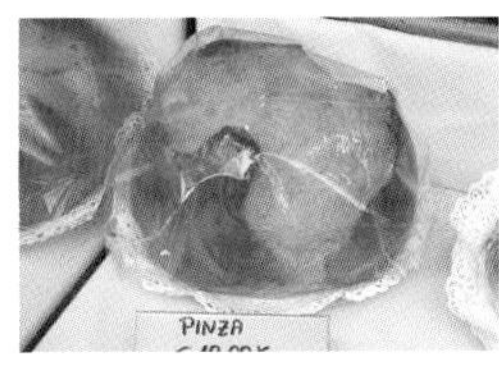

트리에스테에서 발견한 빵처럼 생긴 핀차는 감귤류의 풍미가 있는 발효 과자.

핀차(지름 16㎝의 원형 틀 / 1개분)

재료

박력분……20 g
옥수수가루……35 g
우유……160㎖
버터……15 g
베이킹파우더……2 g
그래뉴당……20 g
사과……1/4개
A
- 건포도……15 g
- 오렌지 당절임(굵게 다진다)……10 g
- 레몬 당절임(굵게 다진다)……10 g
- 그라파……20㎖
- 아니스 씨……소량
- 펜넬 씨……소량

분당(마무리용)……적당량

레시피

1 볼에 A를 넣고 부드럽게 불린다.
2 다른 볼에 박력분, 옥수수가루를 넣고 섞는다.
3 냄비에 우유를 넣고 끓이다 2를 조금씩 넣으며 멍울이 생기지 않도록 거품기로 계속 젓는다. 약불에서 5분, 흘러내리지 않을 정도로 되직해질 때까지 끓인다.
4 불에서 내린 후 버터, 베이킹파우더, 그래뉴당을 넣고 잘 섞어 볼에 옮긴다.
5 2㎝ 정도로 깍둑썬 사과와 1을 넣고 잘 섞은 후 유산지를 깐 틀에 붓고 표면을 평평하게 만든다.
6 그래뉴당(분량 외)을 가볍게 뿌리고 180℃로 예열한 오븐에서 약 50분간 굽는다. 식으면 분당을 뿌린다.

프리텔레

FRITTELLE

베네치아의 카니발 과자

●카테고리: 튀긴 과자 ●상황: 가정, 축하용 과자, 과자점
●구성: 발효 반죽+건포도+잣

카니발 기간이 다가오면 베네치아 거리에 등장하는 프리텔레. 프리톨레(fritole)라고도 불리는 베네치아의 전통 튀긴 과자이다. 프리울리에서는 카스타뇰레(castagnole)라고도 불리며, 트렌티노에는 사과에 발효 반죽 옷을 입혀 튀긴 프리텔레의 친척뻘인 프리텔레 디 폼이라는 과자도 있다. 이 튀긴 과자로 말할 것 같으면, 놀라지 마시라! 로마 제국 시대 혹은 그 이전에 만들어졌다는 설이 있다. 로마 시대에는 돌치 프릭틸리아(dolci frictilia)라고 불리었다. 키아케레(→P45)도 같은 이름으로 불리었는데, 아마도 튀긴 과자 전반을 그렇게 부른 듯하다. 베네치아의 프리텔레의 역사는 1300년대로 거슬러 올라간다. 당시에는 지금처럼 누구나 만들 수 있는 과자가 아니라 프리톨레리(fritoleri)라고 불리는 직업을 가진 사람만이 이 지역에서 프리텔레를 만들어 팔 수 있었다. 직업 조합까지 있었다니 놀라울 따름이다. 또 프리톨레리는 세습제로, 부모로부터 자식에게 계승되는 직업이었다고 한다. 지금도 이탈리아에는 세습제 직업이 존재하는데, 이 무렵부터의 관습일 것이다.

프리텔레는 수분 함량이 높은 반죽을 사용해 식감이 쫄깃하다. 한 번 맛보면 좀처럼 멈출 수 없다. 거리의 과자점에는 잣이나 건포도가 들어간 것부터 커스타드 크림 또는 자바이오네(→P22)가 든 종류까지 다양한 프리텔레가 진열된다. 재료가 단순하고 요리법도 간단해 가정에서도 많이 만든다. 프리텔레가 수북이 담긴 접시가 놓여 있는 식탁이 이탈리아다운 풍경을 연출한다.

프리텔레(약 20개분)

재료

박력분……190g
우유……95㎖
맥주 효모……10g
그래뉴당……40g
레몬 제스트……1/4개분
소금……한 자밤
달걀물……1개분
건포도(미온수에 불려 물기를 짠다)……50g
잣……25g
샐러드유(튀김용)……적당량
분당(마무리용)……적당량

레시피

1 우유를 체온 정도로 데워, 그 일부로 맥주 효모를 녹인다.
2 볼에 박력분, 1의 맥주 효모, 그래뉴당, 레몬 제스트, 소금을 넣고 주걱으로 섞는다.
3 달걀물을 넣고 가볍게 섞은 후 나머지 우유를 넣고 부드럽게 될 때까지 섞는다.
4 건포도와 잣을 넣고 섞어 아주 부드러운 반죽을 만든다. 따뜻한 장소에서 약 1시간, 2배 크기로 부풀 때까지 발효시킨다.
5 175℃로 가열한 샐러드유에 스푼으로 둥글게 성형한 반죽을 넣고 노릇하게 튀긴다. 기름을 제거한 후, 분당을 뿌린다.

티라미수

TIRAMISÙ

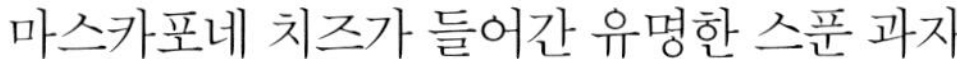

●카테고리: 스푼 과자 ●상황: 바·레스토랑, 가정, 과자점
●구성: 마스카포네 크림 + 커피시럽 + 사보이아르디 + 코코아파우더

이탈리아 과자라고 하면 티라미수를 떠올릴 만큼 유명해진 이 과자. 1990년대 일본에서는 티라미수 붐이 일기도 했다. 하지만 이탈리아의 전통 과자를 다룬 문헌에서 티라미수라는 이름은 등장하지 않는다. 유구한 식문화 역사를 자랑하는 이탈리아에서 티라미수는 비교적 최근에 등장한 새로운 과자인 것이다.

그 원형은 과거 스바투딘(sbatudin)이라고 불린 자바이오네(→P22)로, 베네토에서는 여기에 바이콜리(→P67)를 적셔 먹었다. 1981년 여기서 영감을 얻은 트레비소의 한 셰프가 자신의 레스토랑에서 '티라미수'라는 이름으로 처음 출시하면서 크게 호평을 받았다. '나를 끌어올리다(기분 좋게 하다)'라는 뜻의 티라미수는 감기에 걸리거나 피로할 때 영양 보충을 위해 먹었던 자바이오네를 베이스로 만든 디저트로 '맛있어서 기분이 좋아질 것'이라는 의미가 담겨 있다.

그러고 보니 토스카나의 주파 잉글레제(→P117)에 대해 조사할 때 '메디치가에서 손님을 초대할 때 만들었던 주파 디 두카(zuppa di duca, 공작의 스프)는 티라미수의 원형이다'라는 문헌의 내용이 떠올랐다. '주파는 "얇게 자른 촉촉한 빵"이라는 의미로, 알케르메스에 적신 스펀지케이크에 크림을 바른 과자를 영국인들이 무척 좋아했기 때문에 주파 잉글레제(zuppa inglese, 영국인의 스프)라는 이름이 붙었다. 티라미수의 원형이라고도 전해진다'는 기술이었다.

기본은 자바이오네와 마스카포네 치즈를 섞은 크림, 에스프레소를 적신 사보이아르디(→P22)에 마지막으로 코코아파우더를 듬뿍 얹는다. 생크림을 넣기도 하고 최근에는 원형에서 한참 멀어진 딸기 티라미수 등의 디저트도 등장했다.

티라미수(지름 18㎝의 타원형 용기 / 1개분 · 약 10인분)

재료

달걀노른자……2개분
그래뉴당……50 g
마스카포네……250 g
사보이아르디……100 g
커피시럽
┌에스프레소 커피……150㎖
└그래뉴당……25 g
코코아파우더……적당량

레시피

1 볼에 달걀노른자와 그래뉴당을 넣고 거품기로 되직해질 때까지 섞는다.
2 주걱으로 마스카포네를 부드럽게 이겨 1에 조금씩 넣으며 전체가 잘 어우러지도록 거품기로 섞는다.
3 커피시럽을 만든다. 뜨거운 에스프레소 커피에 그래뉴당을 녹여 식힌다.
4 사보이아르디의 한쪽 면을 3에 적셔 용기에 넣고 2의 절반량을 얹어 고르게 편다. 똑같이 한 번 더 반복하고 코코아파우더를 뿌린다.

판도로
PANDORO

'황금빛 빵'을 뜻하는 별모양의 크리스마스 과자

●카테고리: 빵·발효 과자 ●상황: 과자점, 축하용 과자
●구성: 발효 반죽

'판도로와 파네토네, 둘 중에 뭐가 더 좋아?' 크리스마스 시즌이 되면, 지인들로부터 한 번은 듣게 되는 질문이다.

판도로는 베로나(베네토 주)에서 탄생한 과자로, 그 유래에는 여러 설이 있다. 베네치아 공화국의 귀족들이 즐겨 먹던 팡 데 오로라는 원뿔 모양 과자에 금박을 입힌 것이라거나 이 지역의 전통 발효 과자인 나달린 또는 오스트리아인이 가져온 쿠글로프라는 등. 아마도 모든 요소가 혼합되어 지금의 판도로가 되었을 것이다.

과거에는 장인이 만들었지만 1894년 처음으로 공산품으로서의 판도로 '멜레가티(Melegatti)'가 등장했다. 현존하는 회사명이기도 한 멜레가티는 크리스마스 시즌이 되면 트레이드마크인 파란색 상자에 담겨 슈퍼마켓 진열대에 산처럼 쌓인다.

판도로는 파네토네(→P50)처럼 건과일을 넣지 않고 황금빛 시트의 맛을 그대로 즐기는 과자이다. 재료는 단순하지만 여러 번 발효를 반복하기 때문에 만드는 데 수일이 걸린다. 판도로 상자 안에는 커다란 비닐에 싸인 판도로 본체와 바닐라 풍미의 분당이 든 작은 봉투가 들어있다. 판도로가 든 비닐에 분당을 넣고 흔들어 골고루 뿌린다. 그 모습이 크리스마스 시기, 북이탈리아의 눈 덮인 산을 연상시킨다.

판도로(지름 18×높이 20㎝의 판도로 틀 / 1개분)

재료

사전 발효 반죽
- 마니토바 밀가루……45 g
- 맥주 효모……5 g
- 미온수……30㎖

A
- 마니토바 밀가루……90 g
- 그래뉴당……20 g
- 맥주 효모……7 g
- 달걀(전란)……50 g

B
- 마니토바 밀가루……210 g
- 그래뉴당……90 g
- 꿀……10 g
- 바닐라파우더……1작은술
- 달걀(전란)……100 g (2개)
- 달걀노른자……20 g (1개분)
- 버터(실온 상태의 부드러운 버터)……125 g

분당(마무리용)……적당량

레시피

1 볼에 사전 발효 반죽 재료를 넣고 섞은 후 랩을 씌워 하룻밤 발효시킨다.
2 1에 A의 달걀을 제외한 모든 재료를 넣고 가볍게 치대다 달걀을 넣고 부드러워질 때까지 반죽한다. 랩을 씌워 따뜻한 장소에서 2시간, 2배 크기로 부풀 때까지 발효시킨다.
3 2의 반죽에 B의 마니토바 밀가루, 그래뉴당, 꿀, 바닐라파우더를 넣고 반죽한다. 달걀을 1개씩 넣고 계속해서 달걀노른자를 넣으며 그때마다 반죽에 수분을 흡수시키며 치댄다. 실온 상태의 버터를 넣고 부드럽게 될 때까지 반죽한다.
4 버터를 바르고 마니토바 밀가루를 뿌린(각 분량 외) 틀에 반죽을 붓고 8~12시간, 틀 가장자리 높이로 반죽이 부풀 때까지 발효시킨다.
5 170℃로 예열한 오븐에서 약 15분, 160℃로 낮춰 약 30분간 굽는다. 식으면 분당을 뿌린다.

젤텐
ZELTEN

오스트리아에서 유래된 크리스마스 케이크

● 카테고리: 타르트·케이크 ● 상황: 가정, 과자점, 바·레스토랑, 축하용 과자
● 구성: 박력분 + 버터 + 설탕 + 달걀 + 견과류 + 과일 당절임

크리스마스 시즌이 되면 트렌티노 알토 아디제의 과자점에는 다양한 장식의 젤텐이 진열되어 눈을 즐겁게 한다.

1700년대에는 '첼테노(celteno)'라고 불리었는데 이는 '진귀하다'라는 뜻의 독일어 '셀텐(selten)'이 어원이라고 한다. 1년 중에서도 특별히 크리스마스 시기에만 만들었기 때문에 이런 이름이 붙었을 것이다. 이곳은 독일어권인 오스트리아와의 국경에 위치해 있어 지금도 독일어가 통하는 지구이다. 여담이지만, 오스트리아와 가까운 메라노라는 도시의 호텔에 묵었을 때 직원들이 동료와 대화할 때는 독일어를 사용하고 손님인 내게는 이탈리아어로 이야기해 놀란 적이 있다.

젤텐은 반죽에 건과일과 견과류를 넣어 굽는데, 주 남부의 트렌티노 지방은 반죽의 비율이 과일이나 견과류보다 많고 북부의 알토 아디제 지방은 그 반대이다. 형태는 원형 이외에도 사각형이나 타원형도 있고 크기도 다양하다. 위에 얹는 장식도 특별히 정해진 것은 없다.

이 지역은 독일어권이라 11월 하순~12월 하순에 걸쳐 개최되는 크리스마스 마켓이 유명하다. 크리스마스 시즌에 방문해 젤텐과 핫 와인을 맛보는 여행도 즐거울 듯하다.

젤텐(지름 18㎝의 원형 틀 / 1개분)

재료

버터(실온 상태의 부드러운 버터)……50g
그래뉴당……75g
달걀물……2개분
꿀……25g
그라파……1작은 술
소금……소량
박력분……150g
베이킹파우더……8g

A
- 건무화과(잘게 다진다)……75g
- 호두(잘게 다진다)……50g
- 오렌지 당절임(잘게 다진다)……25g
- 레몬 당절임(잘게 다진다)……25g
- 건포도……50g
- 잣……25g

껍질을 벗긴 아몬드(장식용)……50g
드레인 체리(장식용)……적당량

레시피

1. 볼에 실온 상태의 버터와 그래뉴당을 넣고 거품기로 섞어 폭신한 거품을 만든다.
2. 달걀물을 절반씩 넣으며 그때마다 반죽에 잘 어우러지도록 거품기로 섞은 후 꿀, 그라파, 소금을 넣고 다시 섞는다.
3. 박력분과 베이킹파우더를 넣고 반죽 표면에 매끈한 광택이 날 때까지 주걱으로 잘 섞은 후 A를 넣어 대강 섞는다.
4. 녹인 버터를 바르고 박력분을 뿌린(각 분량 외) 틀에 3을 붓는다. 아몬드와 드레인 체리를 얹어 장식한 후 180℃로 예열한 오븐에서 약 30분간 굽는다.

토르타 디 그라노 사라체노

TORTA DI GRANO SARACENO

알프스의 메밀가루와 베리 잼 케이크

●카테고리: 타르트·케이크 ●상황: 가정
●구성: 메밀가루 + 헤이즐넛가루 + 달걀 + 버터 + 설탕 + 베리 잼

동알프스 산맥에 속한 이탈리아 북동부 돌로미티 산맥 주변의 전통 과자. 밀 재배가 힘든 척박하고 한랭한 이 지역에서는 예부터 메밀이 재배되었다. 메밀은 파종 후 70~80일 정도면 수확이 가능하기 때문에 겨울이 긴 알프스 지방에서도 재배할 수 있었던 것이다. 메밀은 이탈리아어로 '그라노 사라체노(grano saraceno)'인데 여기서 사라체노는 사라센인이라는 의미로 중세에는 이슬람교도를 가리켰다. 이슬람인이 그리스와 발칸 반도에 메밀가루 문화를 전파한 튀르키예를 경유해 이 지역에까지 온 것이었을까.

토르타 디 그라노 사라체노는 트렌티노의 가정에서 만드는 전통 과자이다 보니 집집마다 전해지는 각양각색의 레시피가 존재한다. 반죽에 들어가는 견과류는 헤이즐넛을 비롯해 호두, 아몬드 등 각자 집에 있는 견과류를 갈아 사용하며 사과 같은 것은 넣어도 되고 넣지 않아도 된다. 정해진 것은 블루베리, 라즈베리, 구즈베리 등 알프스에서 나는 과일로 만든 잼을 시트 사이에 듬뿍 바르는 것뿐이다.

메밀가루는 글루텐이 함유되지 않아 글루텐 알레르기가 늘고 있는 이탈리아에서도 주목받고 있는 식재료 중 하나이다. 포슬포슬한 시트에 상큼한 베리 잼이 듬뿍 들어간 소박한 일품 과자이다.

메밀가루는 파스타에도 사용된다. 포장에 글루텐 프리(senza glutine)라고 쓰여 있다.

토르타 디 그라노 사라체노(지름 18cm의 원형 틀 / 1개분)

재료

버터(실온 상태의 부드러운 버터)……65g
그래뉴당……65g
달걀노른자……2개분
달걀흰자……2개분
A
- 메밀가루……50g
- 옥수수전분……10g
- 헤이즐넛가루……50g
- 베이킹파우더……5g
- 사과 간 것(물기를 가볍게 짠다)……80g
- 레몬 제스트……1/2개분

블루베리 잼……100g
분당(마무리용)……적당량

레시피

1. 볼에 실온 상태의 버터, 그래뉴당 절반량을 넣고 핸드믹서로 섞어 희고 폭신한 거품이 만들어지면 달걀노른자를 1개씩 넣으며 계속 섞는다.
2. A를 넣고 주걱으로 잘 섞는다.
3. 다른 볼에 달걀흰자를 넣고 나머지 그래뉴당을 수회에 나눠 넣으며 핸드믹서로 끝이 살짝 휘어질 정도로 거품을 낸다. 2에 두 번에 나눠 넣으며 그때마다 주걱으로 거품이 꺼지지 않도록 부드러워질 때까지 섞는다.
4. 버터를 바르고 박력분을 뿌린(각 분량 외) 틀에 반죽을 붓고 180℃로 예열한 오븐으로 30~35분간 구워 식힌다.
5. 구워진 시트를 가로로 반을 잘라 밑면에 블루베리 잼을 바른 후 시트 윗면을 덮고 분당을 뿌려 완성한다.

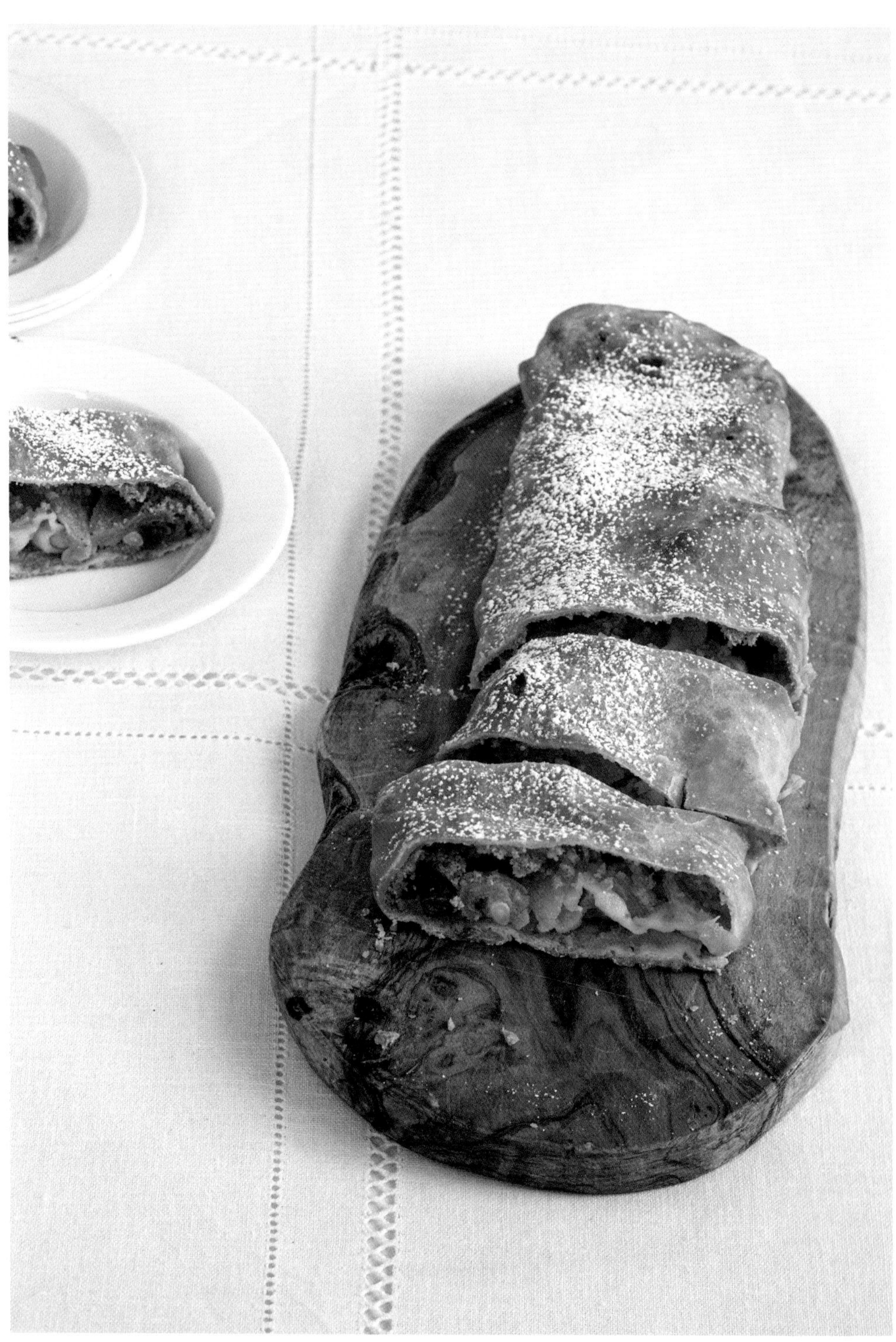

스트루델
STRUDEL

튀르키예 기원의 애플파이

●카테고리: 구움 과자 ●상황: 가정, 과자점, 바·레스토랑
●구성: 박력분 베이스의 반죽 + 사과, 빵가루 등의 필링

오스트리아에서 탄생한 스트루델은 중세의 독일어로 '소용돌이'를 의미한다. 그 이름처럼 얇은 반죽에 사과 필링을 넣고 돌돌 말아서 구운 과자이다.

이 지방에는 1800년대 오스트리아 제국 통치 시절에 전해진 것으로 알려진, 원래는 튀르키예의 과자인 바클라바(baclava)가 기원이라는 설이 있다. 1520년경, 오스만 제국의 술레이만 1세가 당시 튀르키예가 지배하던 헝가리를 침략했을 때 전해진 바클라바가 이후 오스트리아 = 헝가리 제국의 지배를 거쳐 이 지방에 들어왔다는 것이다.

이 지역은 이탈리아에서도 손꼽히는 사과 산지로 유명하다. 그런 이유로 사과가 들어간 스트루델이 가장 유명하지만 이곳의 다른 명산품인 베리류 과일을 넣은 것이나 채소 또는 고기가 들어간 식사용 스트루델도 있다.

맛있는 스트루델의 비결은 반죽을 얼마나 얇게 펴서 굽는지에 달려 있다. 반죽이 얇을수록 바삭하게 구워져 사과 과즙을 흡수한 촉촉한 필링과 훌륭한 대비를 이룬다. 투박한 외관만 봐서는 상상조차 할 수 없는 맛이다.

크리스마스 마켓 노점에 진열된 사과가 가득 든 스트루델. 그 자리에서 잘라준다.

스트루델(30×7cm / 3개분)

재료

반죽
- 박력분……135 g
- 미온수……30mℓ
- 달걀(전란)……1개
- 올리브유……10 g
- 소금……한 자밤

필링
- 빵가루……60 g
- 사과……600 g
- 레몬즙……1/2개분
- 건포도……50 g
- 레몬 제스트……1/2개분
- 버터……50 g
- A
  - 그래뉴당……60 g
  - 잣……25 g
  - 시나몬파우더……1작은술

녹인 버터……30 g
분당(마무리용)……적당량

레시피

1 반죽을 만든다. 볼에 모든 재료를 넣고 치대 부드럽게 되면 랩을 씌워 냉장고에 넣고 1시간 휴지시킨다. 반죽이 너무 질면 손에 들러붙지 않을 정도로 박력분을 적당량 추가한다.

2 필링을 만든다. 프라이팬에 버터를 녹인 후 빵가루를 넣고 노릇하게 볶아 식힌다.

3 사과는 얇게 저며 볼에 담고 레몬즙을 넣어 섞는다. A, 미온수(분량 외)에 불려 물기를 짠 건포도, 레몬 제스트를 넣고 함께 섞는다.

4 덧가루를 뿌린 작업대에 1을 꺼내 3등분한다. 밀대를 이용해 각각 30×20cm 크기로 얇게 펴서 캔버스 천에 올리고 붓으로 녹인 버터를 적당량 바른다.

5 반죽에 2를 고루 펴 바르고 3을 올린 후 캔버스 천을 살짝 들어 앞쪽에서부터 돌돌 말아준다. 말린 끝부분을 아래로 놓고 양끝을 안쪽으로 접듯이 봉합해 형태를 만들어준다.

6 유산지를 깐 트레이에 올리고 녹인 버터를 바른다. 200℃로 예열한 오븐에서 약 30분간 구워 그대로 식힌 후 분당을 뿌린다.

스트라우벤

STRAUBEN

남티롤의 구불구불한 튀긴 과자

●카테고리: 튀긴 과자 ●상황: 가정
●구성: 박력분+우유+버터+달걀+설탕+과일 잼

'구불구불하게 구부러진'이라는 뜻의 독일어에서 유래된 스트라우벤. 이탈리아어인 '포르타이에(fortaie)'라는 이름으로도 불린다.

남티롤이라고 불리는 이 지방은 1861년 이탈리아 통일 당시만 해도 아직 이탈리아가 아닌 오스트리아=헝가리 제국의 일부였다. 이탈리아에 병합된 것은 1946년이다. 현재는 트렌티노 알토 아디제로 하나의 주가 되었지만, 베네토의 영향을 받은 주 남부의 트렌티노와 오스트리아의 영향을 깊게 받은 북부의 알토 아디제가 같은 주임에도 다른 식문화를 가진 것은 흥미로운 일이 아닐 수 없다. 참고로, 이 스트라우벤과 앞서 소개한 스트루델 모두 알토 아디제의 과자로 오스트리아=헝가리 제국시대에 이 지방에 전해진 것이다.

묽은 반죽을 전용 깔때기와 같은 도구에 넣고 고온의 기름에 원을 그리듯 구불구불하게 떨어뜨린다. 간단할 것 같지만 막상 해 보면 쉽지 않다. 바삭하게 튀겨낸 과자를 그릇에 담고 분당을 뿌린 후 블루베리나 라즈베리 잼을 듬뿍 올려 먹는다. 겉은 바삭하고 속은 부드러운 데다 은은한 그라파 향이 감도는, 그야말로 북이탈리아의 향기가 가득 담긴 일품 과자이다.

이 지방의 크리스마스 마켓에 빠지지 않고 등장하는 스트라우벤. 갓 튀긴 따끈따끈한 스트라우벤은 겨울 추위도 잊게 할 만큼 맛있다!

스트라우벤(지름 15㎝/3개분)

재료

우유……250㎖
박력분……200g
소금……한 자밤
녹인 버터……25g
그라파……25㎖
달걀노른자……3개분
달걀흰자……3개분
그래뉴당……50g
샐러드유(튀김용)……적당량
분당(마무리용)……적당량
기호에 맞는 과일 잼(마무리용)……적당량

레시피

1 볼에 우유, 체 친 박력분, 소금을 넣고 거품기로 잘 섞는다.
2 녹인 버터, 그라파, 달걀노른자를 넣고 전체가 부드럽게 될 때까지 섞는다.
3 다른 볼에 달걀흰자를 넣고 그래뉴당을 조금씩 넣으며 거품기로 끝이 살짝 휘어질 정도로 거품을 낸 후 2에 넣어 거품이 꺼지지 않도록 주걱으로 대강 섞는다.
4 3의 반죽을 지름 5㎜의 원형 깍지를 끼운 짤주머니에 넣고 190℃로 가열한 샐러드유에 소용돌이 모양으로 구불구불하게 넣으며 지름 15㎝의 원형으로 만든다.
5 앞뒤로 노릇하게 튀겨 기름기를 제거한다. 접시에 담고 분당을 뿌린 후 기호에 맞는 과일 잼을 올린다.

rap fen

크라펜
KRAPFEN

잼이나 크림을 듬뿍 넣어 튀긴 둥근 빵

●카테고리: 튀긴 과자 ●상황: 가정, 과자점, 바·레스토랑, 축하용 과자
●구성: 발효 반죽＋살구 잼

원래는 카니발 시즌에 만들었던 과자였지만 현재는 일 년 내내 바나 과자점에서 볼 수 있는 이탈리아의 달콤한 아침식사를 대표하는 메뉴가 되었다.

크라펜이라는 이름에서 이탈리아 태생의 과자가 아니라는 것을 금방 알 수 있듯 독일 혹은 오스트리아가 기원이라고 알려진다. 일설에 따르면, 오스트리아의 그라츠라는 도시에서 빈에 전해진 후 오스트리아가 통치하는 북이탈리아의 롬바르도-베네토 왕국에 전파되었다. 그 후, 트렌티노 알토 아디제 지방에까지 전파되어 인기를 얻게 되면서 이 지방의 과자로 알려졌다고 한다. 여러 설이 있어 그 발상지는 분명치 않지만 18~19세기에 탄생했다는 것은 분명해 보인다.

카니발 과자는 튀긴 것이 많다. 카니발 이후의 사순절(전통적으로는 식사의 절제, 축연 등의 자제, 기도, 단식, 자선이 기본이 되는 시기)에 대비해 충분한 영양을 섭취하기 위해서이다. 밀가루, 달걀, 우유 등 구하기 쉬운 식재료가 바탕이 된 것도 서민층에까지 광범위하게 전파된 이유 중 하나일 것이다.

이탈리아의 다른 지방에서는 봄바(bomba) 혹은 봄볼로네(bombolone)라고 부르며 나폴리와 시칠리아에서는 크라펜이 이탈리아어화한 그라파(graffa)라는 이름으로도 불린다. 1861년 이탈리아가 통일되기 이전, 나폴리와 시칠리아 왕국으로 번영을 누린 이 2개의 주. 과자의 역사를 거슬러 올라가다 보면 나라의 역사까지 알 수 있는 것도 이탈리아 과자를 즐기는 방법 중 하나이다.

크라펜(6개분)

재료

반죽
- 마니토바 밀가루……50 g
- 박력분……200 g
- 달걀(전란)……1개
- 그래뉴당……15 g
- 우유……100㎖
- 맥주 효모……10 g
- 버터(실온 상태의 부드러운 버터)……40 g
- 소금……3 g
- 바닐라파우더……소량

살구 잼……75~100 g
달갈흰자……적당량
샐러드유(튀김용)……적당량
분당(마무리용)……적당량

레시피

1 체온 정도로 따뜻하게 데운 우유 적당량에 맥주 효모를 넣고 녹인다.
2 볼에 마니토바 밀가루, 박력분, 바닐라파우더를 넣고 섞은 후 그래뉴당, 달갈을 넣고 손으로 섞는다.
3 1과 나머지 우유를 조금씩 넣으며 반죽이 부드러워질 때까지 치댄다. 실온 상태의 버터를 두 번에 나눠 넣으며 그때마다 반죽에 잘 어우러지도록 치댄 후 소금을 넣고 계속 반죽한다.
4 반죽 표면이 매끈해지면 면포를 덮어 따뜻한 장소에 두고 30분간 발효시킨다. 작업대에 올려놓고 밀대를 이용해 5㎜ 두께로 편 후 지름 8㎝의 원형 틀로 찍어 12장을 만든다.
5 찍어낸 반죽 6장에 살구 잼을 6등분해 올린다. 가장자리에 달갈흰자를 바르고 나머지 시트를 1장씩 덮은 후 손가락으로 눌러 봉합한다. 면포를 덮고 30분간 발효시킨다.
6 160℃로 가열한 샐러드유에 넣고 앞뒤로 노릇하게 튀긴다. 기름기를 제거한 후 분당을 뿌려 완성한다.

카네델리 돌치
CANEDERLI DOLCI

남은 빵을 재활용해 만든 달콤한 경단

●카테고리: 빵·발효 과자 ●상황: 가정, 바·레스토랑
●구성: 빵+리코타+달걀+버터+과일 잼+빵가루

주 북부 알토 아디제의 전통 과자. 크뇌델(knödel)이라는 독일어로도 널리 알려져 있다. 남은 빵을 재활용해 만든 것으로, 달콤한 것도 있고 식사용으로 짭짤하게 만든 종류도 있다.

전해지는 바에 따르면, 15세기 한 시골 농가에 불쑥 들이닥친 남자들이 여성에게 음식을 내놓지 않으면 집을 불태우겠다고 협박했다. 그녀는 집에 있던 식재료인 빵, 스펙(speck, 북이탈리아의 훈제 생햄), 우유, 밀가루, 달걀을 사용해 경단과 같은 것을 만들어 익힌 것을 내놓았는데 그 경단이 굉장히 맛있어서 남자들이 해코지를 하지 않고 얌전히 떠났다고 한다. 이후, 조금씩 변형되어 달콤한 과자 레시피까지 등장했다는 것이다.

카네델리 돌치는 겉에 빵가루를 뿌리는 것이 특징으로, 필링은 살구나 프룬 등 이 지방에서 나는 과일 잼을 채운다. 주 서부의 발 베노스타에서는 이 지역 명산인 살구의 수확철이 되면 통째로 넣는 풍속도 있다. 그 밖에도 이 지역에서 만드는 콰르크(quark)라는 생치즈, 커스터드 크림, 앙글레즈 소스 등을 활용한 다양한 레시피가 있다.

카네델리 돌치(약 10개분)

재료

버터(실온 상태의 부드러운 버터)……40 g
레몬 제스트……1/4개분
바닐라파우더……소량
A
- 달걀(전란)……2개
- 소금……한 자밤
- 리코타……200 g
- 박력분……15 g

식빵의 흰 부분(잘게 깍둑썰기)……100 g
프룬 또는 살구 잼……적당량
튀김옷
- 버터……50 g
- 빵가루……50 g
- 그래뉴당……50 g
- 시나몬파우더……적당량

레시피

1 볼에 실온 상태의 버터를 넣고 거품기로 젓다 레몬 제스트, 바닐라파우더를 넣고 섞는다.
2 A의 재료를 순서대로 넣고 그때마다 잘 섞는다.
3 잘게 깍둑썬 빵을 넣고 잘 섞어 냉장고에서 약 1시간 휴지시킨다.
4 튀김옷을 준비한다. 프라이팬에 버터를 녹인 후 빵가루를 노릇하게 볶아내고 불에서 내려 그래뉴당과 시나몬파우더를 넣고 섞는다.
5 손에 물을 살짝 묻혀 3을 지름 4㎝ 정도의 공 모양으로 만들고 손가락으로 중앙을 움푹하게 만든 후 스푼으로 잼을 넣고 여며 모양을 다듬는다. 소금(분량 외)을 넣고 끓인 물에 10분간 데친다.
6 5가 뜨거울 때 4를 뿌린다.

주로 빵 가장자리 부분을 잘게 부수어 만든 판그라토(pangrattato, 빵가루). 희고 부드러운 부분을 사용한 것은 몰리카(mollica)라고 한다.

피테

PITE

프리울리의 가정에 전해져 내려오는 전통 사과 타르트

●카테고리: 타르트·케이크 ●상황: 가정
●구성: 타르트 반죽+사과, 견과류 등의 필링

피테는 알프스의 산악지대 카르니아 지방의 가정에 전해지는 사과를 사용한 전통 과자이다.

프리울리의 사과는 로마 제국 시대부터 2000년 이상의 역사를 지녔다고 알려지며 전통 품종인 마티아나(matiana) 사과는 로마의 상인이 유통시켰다는 기록도 남아 있다. 현재는 단단하고 당도가 낮은 전통종 대신 수분이 풍부하고 당도가 높은 골든 딜리셔스와 같은 새로운 품종이 주로 재배되지만 최근에는 전통종을 지키려는 움직임도 나타나고 있다.

타르트 반죽에 사과 필링을 채운 소박한 과자이지만 반죽에 그 맛의 비밀이 숨겨져 있다. 유제품의 보고였던 이 지방에서는 반죽에 달걀 대신 녹인 버터를 사용했다. 그런 이유로 부드럽고 몽글몽글한 묘한 식감의 반죽이 완성되고 그 반죽과 잘 구워진 사과가 훌륭한 조화를 이룬다. 과거에는 조금이라도 오래 보존할 수 있도록 밀가루와 버터를 함께 넣고 반죽을 만들었다. 그것을 '용기(容器)'를 뜻하는 이 지방의 방언 '피테(piter)'에 넣고 구웠던 데서 유래된 이름이라고 한다. 또 당시는 오븐이 없었기 때문에 이 지방에서 재배한 양배추 잎으로 용기를 감싸 숯불에 넣고 구웠다고 한다. 타르트가 구워지는 동안, 집안에는 프리울리의 향이 충만했을 것이다.

피테(지름 15㎝의 원형 틀 / 1개분)

재료

타르트 반죽
- 박력분……100 g
- 그래뉴당……20 g
- 레몬 제스트……1/4개분
- 베이킹파우더……2 g
- 그라파……10㎖
- 녹인 버터……65 g

필링
- 사과……200 g
- 그래뉴당……5 g
- 호두(굵게 다진다)……10 g
- 잣……10 g
- 건포도……10 g
- 시나몬파우더……적당량
- 레몬즙……적당량

분당(마무리용)……적당량

레시피

1 반죽을 만든다. 볼에 그라파와 녹인 버터를 제외한 재료를 넣고 손으로 가볍게 섞는다. 나머지 재료를 넣고 한 덩어리로 뭉쳐지면 랩을 씌워 냉장고에 넣고 약 30분 휴지시킨다.
2 필링을 만든다. 건포도는 미온수에 부드럽게 불려 물기를 짠다. 사과는 5㎜ 두께로 얇게 썬다. 볼에 모든 재료를 넣고 잘 섞는다.
3 반죽의 절반을 떼어 밀대를 이용해 틀에 맞는 크기로 편다. 버터를 바르고 박력분을 뿌린(각 분량 외) 틀에 깔고 2를 고르게 펴 넣는다.
4 나머지 반죽을 똑같이 밀대로 펴서 3에 올린 후 가장자리를 손으로 눌러 봉합한다.
5 170℃로 예열한 오븐에서 약 30분간 구워 식힌 후 분당을 뿌린다.

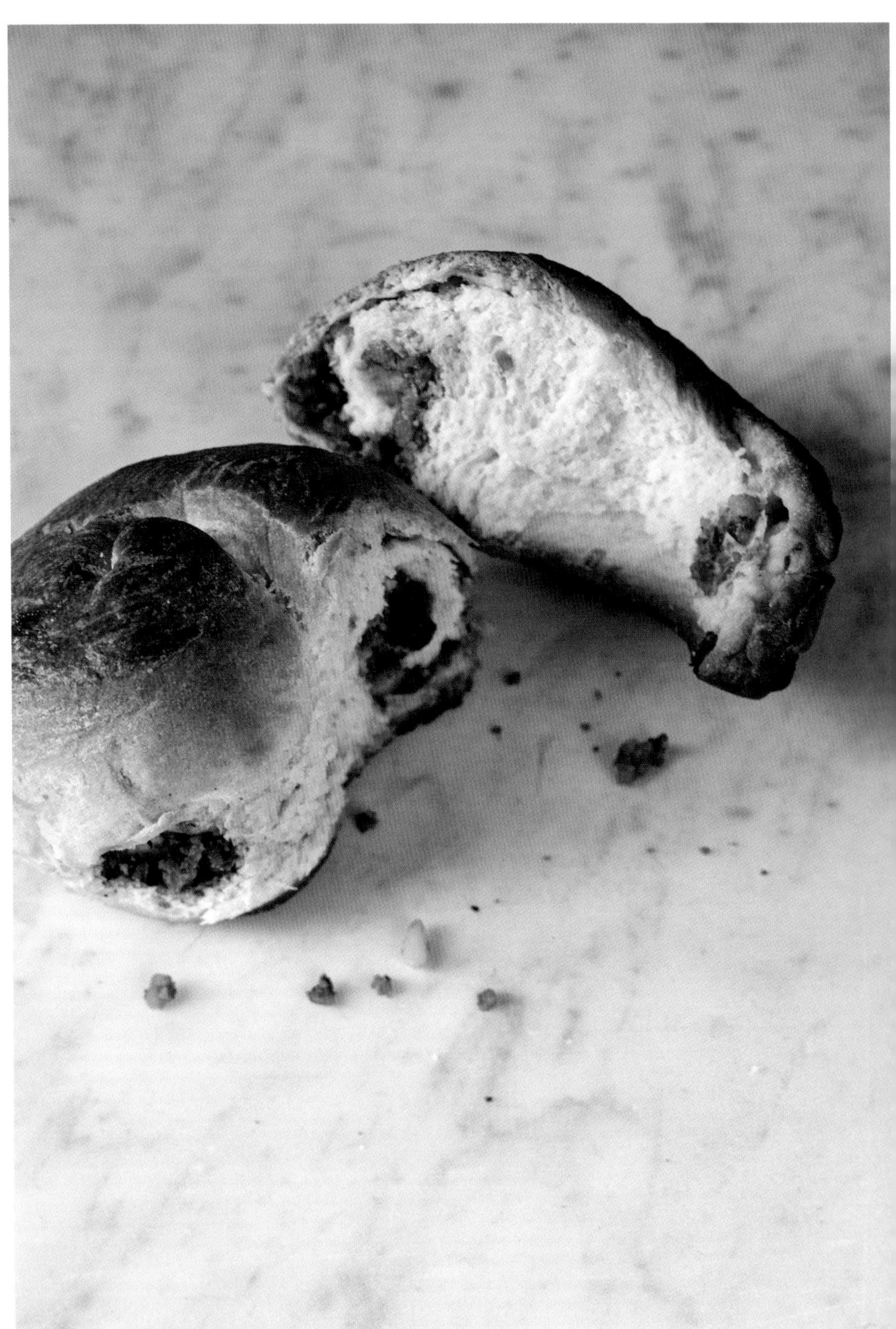

구바나
GUBANA

슬로베니아에서 온 발효 과자

●카테고리: 빵·발효 과자 ●상황: 가정, 과자점, 축하용 과자
●구성: 발효 반죽＋향신료, 견과류 등의 필링

주 북동부, 슬로베니아의 영향을 깊이 받은 구바나. 이름도 '구바(guva＝구부리다)'라는 뜻의 슬로베니아어에서 유래했다.

1409년 교황 그레고리우스 12세가 치비달레 델 프리울리라는 도시를 방문했을 당시 만찬회용 과자로 만들어진 이후 1700년대에 널리 만들어지게 되었다. 요즘은 일 년 내내 과자점에서 볼 수 있지만 과거에는 크리스마스나 부활절 등의 축제 때 구웠던 과자이다. 밀대로 편 발효 반죽에 견과류와 향신료를 듬뿍 넣은 필링을 넣고 돌돌 말아낸 후 다시 소용돌이 모양으로 만든다. 이 두 가지 작업이 이름의 유래가 되었다.

슬로베니아 국경과 가까운 고리치아의 한 바에서 커다란 구바나를 잘라 달라고 부탁하자 점주는 '여기서는 슬리보비츠(Slivovitz, 슬로베니아의 프룬으로 만든 증류주)에 적셔 먹는다'고 알려주었다. 점주가 알려준 방식대로 적셔 먹어보니 견과류와 향신료 향기가 알코올 도수가 높은 슬리보비츠와 함께 입안에서 퍼졌다. 언젠가 슬로베니아에도 가보고 싶어졌다.

겉보기엔 소박하지만 견과류가 듬뿍 들어있다. 과자점에는 크고 작은 다양한 크기가 있다.

구바나(지름 12㎝의 원형 틀 / 1개분)

재료

반죽
- 박력분……120 g
- 우유……50㎖
- 맥주 효모……7 g
- 그래뉴당……20 g
- 소금……한 자밤
- 레몬 제스트……1/4개분
- 버터(실온 상태의 부드러운 버터)……45 g

필링
- 호두(굵게 다진다)……70 g
- 건포도……30 g
- 잣(굵게 다진다)……15 g
- 아마레티(→P24, 거칠게 부순다)……20 g
- 비스코티 세키(거칠게 부순다)……35 g
- 녹인 버터……30 g
- 레몬 제스트……1/4개분
- 시나몬파우더……적당량
- 클로브파우더……소량
- 그라파……40㎖ 정도

달걀흰자……적당량

레시피

1 반죽을 만든다. 우유를 체온 정도로 따뜻하게 데워 그 일부로 맥주 효모를 녹인다.

2 볼에 박력분을 넣고 가운데를 움푹하게 만들어 버터 이외의 반죽 재료, 1을 넣고 손으로 섞는다. 한 덩어리로 뭉쳐지면 실온 상태의 버터를 두 번에 나눠 넣고 그때마다 반죽에 잘 어우러지도록 치댄다. 따뜻한 장소에서 1시간 발효시킨다.

3 필링을 만든다. 건포도는 그라파(분량 외)에 담가 불린 후 물기를 짠다. 볼에 그라파를 제외한 모든 재료를 넣고 그라파를 조금씩 넣으며(40㎖ 정도가 기준) 전체가 잘 어우러지도록 만든다.

4 작업대에 2의 반죽을 올리고 밀대를 이용해 5㎜ 두께로 편다. 3을 반죽의 앞뒤 가장자리를 제외한 전체에 고르게 펴준다. 앞에서부터 돌돌 말아 뒤쪽 가장자리에 달갈흰자물을 바른 후 단단히 붙인다.

5 버터를 바르고 박력분을 뿌린(각 분량 외) 틀에 4를 소용돌이 형태로 말아 넣고, 180℃로 예열한 오븐에서 35~40분간 굽는다.

프레스니츠

PRESNIZ

파이 시트로 감싼 견과류 페이스트

●카테고리: 구움 과자 ●상황: 가정, 과자점, 축하용 과자
●구성: 파이 반죽+견과류 페이스트 필링

아드리아 해에 면한 도시 트리에스테(프리울리 베네치아 줄리아의 주도)의 전통 과자. 슬로베니아 국경과 가까운 트리에스테는 여러 민족의 지배를 받아온 도시로 특히, 오스트리아의 합스부르크가의 영향을 많이 받았다. 이탈리아의 바 문화는 자리에 선 채로 에스프레소 한 잔을 마시고 서둘러 자리를 떠나는 것이 멋이지만 트리에스테에는 오스트리아에서 전해진 카페 문화가 정착하여 자리에 앉아 여유롭게 커피를 즐기는 풍습이 있으며 저명한 시인과 작가들이 방문한 역사적인 카페도 여럿 있다.

원래 부활절 과자였던 프레스니츠의 구불구불한 모양은 그리스도가 썼던 가시관을 본떠서 만들었다고 한다. 깊고 진한 맛의 견과류 필링이 듬뿍 들어있기 때문에 얇게 잘라 조금씩 맛보기에 적당하다.

구바나(→P92)와 출신지와 모양은 비슷하지만 프레스니츠가 궁정 문화에서 전해진 한편 구바나는 다른 유래를 가진 것을 생각하면 먼 친척과 같은 존재가 아닐까.

프레스니츠(지름 약 12㎝/2개분)

재료

박력분…125g
미온수……40㎖
버터(실온 상태의 부드러운 버터)……100g
소금……한 자밤
필링
- 건포도……120g
- 럼주……30㎖
- 호두……120g
- 껍질을 벗긴 아몬드……40g
- 그래뉴당……100g
- 잣……40g
- 오렌지 당절임……20g
- 기호에 맞는 비스코티……50g
- 레몬 제스트……1/2개분

달걀노른자……적당량

레시피

1. 볼에 박력분 75g, 소금, 분량의 미온수를 넣고 치대 한 덩어리로 뭉쳐지면 랩을 씌워 냉장고에 넣고 1시간 휴지시킨다.
2. 나머지 박력분과 실온 상태의 버터를 넣고 손으로 치대 8㎝ 정도의 사각형으로 만든다. 랩에 싸서 냉장고에 넣고 1시간 휴지시킨다.
3. 작업대에 1을 꺼내 놓고 박력분(분량 외)으로 덧가루를 뿌리면서 밀대로 밀어 사방 16㎝ 정도로 편다. 2를 중앙에 올리고 나머지 가장자리의 반죽을 접는다.
4. 밀대로 30㎝ 길이로 펴서 3등분해 접은 후(3절 접기) 반죽을 90° 회전시킨다. 다시 한 번, 30㎝ 길이로 펴고 3등분해 접은 후 랩에 싸서 냉장고에 넣고 1시간 휴지시킨다. 이 과정을 2번 반복한다.
5. 필링을 만든다. 건포도는 럼주에 30분간 담가 부드러워지면 물기를 가볍게 짠다. 모든 재료를 푸드 프로세서에 넣고 페이스트로 만든 후 2등분해 각각을 지름 2㎝, 길이 35㎝의 막대 모양으로 성형한다.
6. 작업대에 4를 올려놓고 밀대로 밀어 40×30㎝ 크기로 편 후, 반을 잘라 40×15㎝의 반죽 2장을 만든다. 반죽 앞쪽에 5를 올리고 돌돌 말아준다. 나머지도 같은 방식으로 만든다. 소용돌이 형태로 말아 유산지를 깐 트레이에 올린다.
7. 풀어놓은 달걀노른자를 바른 후 190℃로 예열한 오븐에서 약 20분간 굽는다.

트리에스테의 과자점에 진열된 프레스니츠. 과거와 달리 매년 맛볼 수 있다.

◆ ARTICOLO 1

이탈리아의 초콜릿 문화

현재의 이탈리아 과자를 이야기할 때 빠질 수 없는 초콜릿. 하지만 기원전으로 거슬러 올라가는 이탈리아 과자의 유구한 역사를 보면, 초콜릿은 16세기 이후의 아직 새로운 식재료이다.

초콜릿의 원료인 카카오는 기원전 2000년 무렵부터 중미에서 재배되었다. 이 지역에서 탄생한 마야 문명(기원전 20~기원전 16세기)과 아스테카 문명(14~16세기) 시대에는 카카오 원두를 갈아 만든 페이스트에 물을 넣고 바닐라나 고추를 넣어 약용 또는 자양강장 목적으로 마셨다. 또 본래는 신에게 바치는 음식으로서 지위가 높은 사람들 사이에서는 불로불사의 영약으로도 불리며 귀한 대접을 받았다고 한다.

유럽에 전해진 것은 16세기, 콜럼버스의 신대륙 발견 이후이다. 1521년 아스테카 제국을 침략한 스페인의 에르난 코르테스가 전리품으로 '신의 음식'이라 불리던 카카오를 자국으로 가져가 당시 스페인 및 나폴리와 시칠리아의 왕이었던 카를 5세에게 헌상했다. 당초에는 특유의 쓴맛과 산미 때문에 정착하지 못했지만 스페인 수도원의 연구를 거쳐 설탕이나 우유로 달고 마시기 좋게 만든 것이 현재까지 이어지는 달콤한 초콜릿의 시초였다고 한다. 이 달콤한 음료는 스페인의 왕후 귀족 및 상류층 사이에서 크게 유행하며 아스테카 제국의 '쇼코라틀(xocolatl[쇼코=산미, 라틀=물, 음료])'이라는 이름에서 유래한 '쇼코라테(chocolate)'라고 불리게 되었다.

다시 이탈리아로 돌아가면, 같은 시기 당시 스페인의 지배하에 있던 시칠리아 섬 모디카에 전해진 초콜릿은 16세기 중반이 되면 북부 토리노에까지 전파되었다. 당시 토리노를 본거지로 활동한 사보이아 공작 에마누엘레 필리베르토가 스페인 제국군을 지휘한 공적으로 받은 카카오를 애호한 것을 계기로 토리노의 왕족 및 귀족층에서 크게 유행하게 되었다. 서민층에까지 퍼진 것은 그로부터 100년 후의 일이다.

한편, 이 무렵까지도 초콜릿은 음료로 취급되었다. 지금도 토리노의 바에서 맛볼 수 있는 '비체린(bicerin, 토리노 방언으로 작은 컵이라는 뜻)'이라고 불리는 핫 초콜릿, 에스프레소, 휘핑크림을 층층이 쌓은 음료는 18세기에 탄생했다.

오늘날 우리가 먹는 고형 초콜릿이 등장한 것은 19세기 이후이다. 유럽 전역에서 일어난 산업혁명 시대에 네덜란드인 반 호튼이 카카오버터를 압착하는 기계를 발명했으며 영국에서는 카카오매스에 카카오버터를 넣고 초콜릿의 성분을 변화시켜, 식으면 굳고 입안에 넣으면 녹는 현재의 고형 초콜릿이 탄생했다. 스위스에서는 밀크 초콜릿의 개발과 함께 부드럽고 매끈한 초콜릿을 만드는 기계도 발명되었다. 토리노는 그런 최신 기술을 선진적으로 도입해 '초콜릿의 도시'로 발전했다.

지금도 토리노에는 다수의 초콜릿 제조사가 있으며, 삼각형 모양이 특징인 헤이즐넛 풍미의 초콜릿 '잔두이오토(gianduiotto)'도 이 지역에서 탄생했다. 19세기 카카오가 워낙 비쌌기 때문에 원가를 낮추기 위해 헤이즐넛을 넣은 것이 기원이었는데, 이 헤이즐넛과 초콜릿의 조합이 이탈리아인들에게 호평을 얻으면서 토리노 명물이 되었다. 이탈리아인이라면 모르는 사람이 없을, 토리노 근교 알바에 있는 페레로 사의 누텔라(nutella)도 헤이즐넛과 초콜릿 조합. 누텔라는 이탈리아인의 아침식사나 간식에 곁들이는 단골 메뉴로, 부동의 인기를 누리게 되었다.

이탈리아 최초로 카카오가 전해진 모디카 역시 초콜릿의 도시로 유명하다. 자금자금하게 씹히는 식감이 특징인 모디카 초콜릿이 명물로, 볶은 카카오 원두를 갈아서 굳힌 카카오매스와 설탕을 카카오 지방이 녹는점인 45℃까지 데워 굳힌 것이다. 45℃에서는 그래뉴당이 녹지 않기 때문에 토리노 초콜릿의 부드러운 식감과는 반대로 자금자금하게 설탕 알갱이가 씹히는 식감이 남는 것인데, 저온에서 만들기 때문에 카카오의 풍미를 해치지 않는다.

최근에는 초콜릿 밸리(Chocolate Valley)라고 불리는 피렌체부터 피사에 걸친 지역에 신예 제조사 및 오리지널 과자 장인들이 모여 있다. 또 토리노, 페루자, 모디카를 비롯한 다양한 도시에서 대규모 초콜릿 페스티벌이 개최되어 많은 외국인 관광객들이 방문한다. 약이나 강장제로 쓰였던 초콜릿이 이제는 이탈리아인의 일상생활에 빠질 수 없는 존재가 된 것이다.

(왼쪽 상단부터 우측으로) 비체린은 피아차 델라 콘솔라타에 있는 '알 비체린(Al Bicerin)'이 원조 / 잔두이오토는 토리노에 전해지는 가면 희극 속 캐릭터 '잔두야(gianduja)'가 쓴 삼각모에서 그 형태와 이름이 유래되었다. / 토리노의 초콜릿 전문점.

(왼쪽 상단부터 우측으로) 카카오 원두는 열매에서 과육과 씨를 분리해 바나나 껍질에 싸서 일주일 정도 발효시켜 말린 것. / 카카오매스와 그래뉴당에 바닐라, 고추, 시나몬 등의 향만 첨가해 만든 모디카 초콜릿. / 자르면 그래뉴당의 결정이 보인다. 겨울에는 소맥 전분을 녹인 핫 초콜릿을 마셔 몸을 따뜻하게 데우고 영양도 보충한다.

◆ ARTICOLO 2

이탈리아의 종교 행사와 축하용 과자

수도 로마에, 가톨릭교의 총본산인 바티칸 시국을 거느리고 있는 이탈리아. 예부터 이탈리아의 식문화는 종교와 밀접한 관계 속에서 발달했으며, 종교적인 축제와 관련된 과자도 많다.

1월6일

에피파니아(Epifania=공현절)

3명의 동방 박사가 그리스도의 탄생을 축하하기 위해 방문한 날. 그리스도는 12월 25일에 탄생했으나 종교상으로는 1월 6일을 공식적인 탄생일로 지정하고 있다. 또 종교와는 관련이 없지만 이날은 베파나라고 불리는 마법사가 아이들에게 선물을 가져다준다고 알려진 날이다. 착한 아이에게는 초콜릿과 사탕을, 나쁜 아이에게는 숯을 선물한다고 한다.

●핀차→P70

2~3월

카니발(Carnevale / 카네발레)

이탈리아어 카네발레는 라틴어의 '카르네 발레(carne vale, 고기와 헤어진다)'가 어원으로, 사육제라고도 불린다. 그리스도의 수난을 함께한다는 의미로, 부활절 46일 전부터 시작되는 '사순절'은 고기나 과자를 먹지 않는 절식 기간이다. 카니발은 사순절에 앞선 6일간에 걸쳐 육식과의 이별을 아쉬워하며 고기를 먹고 축제를 즐긴다. 이탈리아 각지에서 축제가 열리며, 과자점은 물론 가정에서도 카니발 과자를 만든다. 공휴일은 아니지만 교육 기관은 휴교한다.

●키아케레→P45
●미리아초 돌체→P142
●프리텔레→P72
●칸놀리→P190
●크라펜→P86
●피놀라타→P194
●스키아차타 알라 피오렌티나→P112

베파나의 날, 나쁜 아이에게 준다는 숯을 본떠서 만든 흑설탕 과자. 자금자금하게 설탕 알갱이가 씹히는 과자를 잘게 부수어 에스프레소에 곁들여 먹으면 맛있다.

산 주세페의 날에 열리는 빵 축제 기간 동안 교회 제단에는 장식용 빵이 가득 진열된다. 장식용 빵 하나하나에 번영, 풍요, 행복 등의 의미가 담겨 있다.

✣ = 휴일

3월19일

산 주세페(San Giuseppe)의 날

그리스도의 양부 주세페의 축일. 이탈리아에서도 특히 신앙심이 깊은 남부 지방에서 중요하게 여기는 축일이다. 시칠리아 각지에서는 가난한 민중에게 빵을 나눠주었다는 산 주세페의 일화에서 유래한 빵 축제가 열린다. 아버지의 날이기도 하다.

●제폴레 디 산 주세페→P153
●스핀차 디 산 주세페→P188

3월하순~4월

부활절(Pasqua / 파스쿠아) ✣

춘분(3월 21일)이 지나고 첫 보름달이 뜬 다음에 오는 일요일에 열리는, 그리스도의 부활을 축하하는 축제. 이탈리아인에게는 크리스마스와 함께 가장 중요한 종교 행사 중 하나이다. 부활절 2주 전이면 거리는 콜롬바와 우보 디 파스쿠아(Uovo di pasqua)라는 커다란 달걀 모양의 초콜릿으로 가득하다. 부활절 당일은 가족이 함께 점심식사를 하는 관례가 있으며 디저트로는 콜롬바를 비롯한 부활절 과자를 먹는 것이 관습이다. 다음날은 파스퀘타라고 불리는 휴일로, 교외로 소풍을 가 바비큐를 즐긴다.

●콜롬바 파스콸레→P48
●구바나→P92
●프레스니츠→P94
●토르타 차라미콜라→P122
●칼초니→P131
●파스티에라→P148
●스카첼라 풀리에제→P164
●피탄큐자→P168
●카사타 시칠리아나→P196
●아넬로 파스콸레→P206
●파르둘라스→P210

5월하순~6월하순

성체 축일

(Corpus Domini / 코르푸스 도미니)

그리스도의 성체를 우러르고, 축복하는 날. 이탈리아 각지에서 교회까지 가는 길에 꽃을 뿌려 축하하는 인피오라타(infiorata)라는 축제가 열린다.

●라타이올로→P118

11월1일

모든 성인의 날

(Tutti i Santi / 투티 산티) ✣

이탈리아에는 날마다 바뀌는 '오노마스티코(onomastico, 그 날의 성인)'가 정해져 있다. 성인이란, 가톨릭교회의 정식 칭호를 받은 모범이 될 만한 위대한 신자를 가리킨다. 이탈리아에서는 성인과 이름이 같은 경우, 그 성인의 날에 스스로를 축하하는 관습이 있다. 하루에 2~3명의 성인이 제정되는데 그 중에는 날짜가 정해지지 않은 성인도 있기 때문에 11월 1일의 오노마스티코에 그 날의 성인으로 제정되지 못한 성인을 포함한 모든 성인을 축하한다.

●파파시노스→P212

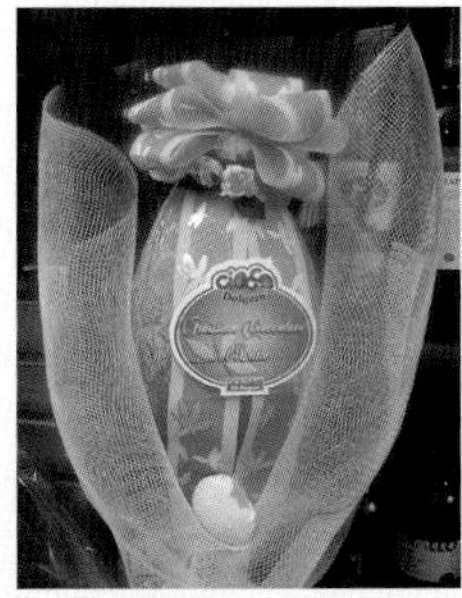

우보 디 파스쿠아는 달걀 모양의 거대한 초콜릿. 안에는 소프레사(sorpresa)라고 불리는 작은 장난감이 들어 있다.

11월2일
사자의 날
(Commemorazione dei defunti)

사자(死者)의 영혼이 현세로 돌아온다고 하는 날로, 성묘를 하는 관습이 있다. 시칠리아에서는 사자의 날이 다가오면 가정에서 프루타 마르토라나를 만들 때 필요한 전용 틀이 판매되고, 과자점에서는 다채로운 프루타 마르토라나를 만나볼 수 있다. 식후의 디저트로 작게 잘라 먹는다.

●프루타 마르토라나→P204

12월8일
성모의 무원죄 수태의 날
(Immacolata Concezione) ✣

성모 마리아의 무원죄 수태를 기념하는 축일. 이탈리아에서는 이 날부터 1월 6일 공현절까지가 크리스마스 기간이다. 이 책에서 소개한 '크리스마스 과자'들 역시 크리스마스 당일뿐 아니라 크리스마스 기간에 만들어진다. 휴일인 이 날 온 가족이 모여 크리스마스 과자를 만드는 가정도 많으며, 크리스마스 기간 내내 식후의 디저트나 간식으로 즐긴다. 산처럼 쌓인 파네토네는 이 시기의 풍물시이다.

12월25일
나탈레(Natale, 크리스마스) ✣

그리스도의 탄생을 축하하는, 이탈리아인에게 매우 중요한 날. 이 날의 점심식사는 가족과 친척이 모두 모여 식탁을 둘러싸고 앉아 식후의 파네토네를 비롯한 크리스마스 디저트를 함께 먹는다. 다음날인 26일은 공휴일로 최초의 순교자 산토 스테파노의 날이다.

●판돌체 제노베제→P32
●파네토네→P50
●팜파파토→P58
●스폰가타→→P60
●체르토지노→P62
●판도로→P76
●젤텐→P78
●구바나→P92
●판포르테→P108
●토르칠리오네→P126
●프루스팅고→P128
●카르텔라테→P167
●피탄큐자→P168
●크로체테→P170
●부첼라토→P186
●피놀라타→P194
●토로네→P207

요즘은 과일뿐 아니라 채소나 생선을 본뜬 프루타 마르토라나도 있다. 장기 보존이 가능하기 때문에 선물용으로도 인기가 있다.

여러 제조사가 파네토네의 맛과 포장을 놓고 경쟁을 벌인다. 대형 제조사부터 장인이 만드는 고급 제품까지 선택의 폭이 다양하다.

결혼식 과자

이탈리아의 결혼식은 일단 길다. 교회에서의 예식에 이어 빌라나 레스토랑에서 이루어지는 피로연이 저녁 무렵부터 늦은 밤까지 이어지는 것이 보통이다. 반세기 전까지는 사흘이나 계속되었다고 한다. 그만큼 중요한 경사에 과자가 빠질 수 없다. 여성들은 신랑 신부를 위해 한 달 전부터 과자를 만든다. 그럴 수밖에 없는 것이 과자의 양이 곧 신랑 신부의 행복한 미래와 번영을 상징하기 때문이다. 남부 지방에서는 지금도 대량의 과자를 만드는 관습이 남아 있으며 특히, 사르데냐 섬에는 파스티수스(→P208)나 카스케타스(→P214)와 같이 아름다운 결혼식 과자가 많다.

결혼식에 과자를 사용하는 관습은 고대 그리스 시대까지 거슬러 올라간다. 당시는 잘게 부순 비스코티를 풍요와 자손 번영을 기원하는 마음을 담아 신부의 머리 위에 뿌렸다. 뿌려진 과자 조각은 행운의 상징으로 결혼식에 참석한 손님들이 앞 다투어 주웠다고 한다. 로마 시대가 되면, 신부의 머리 위에서 보리와 꿀로 만든 달콤한 빵을 자른 후 그 한쪽을 신랑 신부가 함께 나눠 먹으며 장래를 함께 할 것을 맹세했다고 한다. 이것이 오늘날 케이크 커팅의 기원이 된 것인지도 모른다. 그 후, 중세가 되면 작은 과자를 쌓아 올려 커다란 케이크처럼 만드는 관습이 탄생했는데 이것이 오늘날 작은 과자를 대량으로 만드는 것으로 바뀐 것이다. 순백을 상징하는 하얀색 당의로 감싼 웨딩 쿠키가 등장한 것은 1800년대 이후부터였다.

또 결혼식에 참석하면 반드시 받게 되는 봉보니에르(bomboniere)라는 장식이 달린 작은 꾸러미가 있다. 그 안에는 콘페티(confetti)라고 불리는 당의를 입힌 아몬드가 들어 있다. 그 기원 역시 놀랍게도 고대 로마 제국 시대까지 거슬러 올라간다. 그로부터 1000년 이상이 흐른 15세기, 아브루초의 술모나라는 작은 도시에서는 십자군이 설탕을 가져온 것을 계기로 콘페티를 만들기 시작했다. 이곳은 지금도 콘페티의 도시로 유명하다.

콘페티는 결혼식뿐 아니라 다양한 경사에 이용되는데, 결혼식에는 보통 흰색이 많고 헤어지지 말라는 의미에서 반드시 홀수로 넣는 것이 관례이다. 결혼식에는 5개가 전통이며 행복, 건강, 자손 번영, 부, 장수를 나타낸다. 이 콘페티는 신랑 신부뿐 아니라 식에 참석한 손님에게도 행복을 나눠준다는 의미가 있다고 한다. 예나 지금이나 과자는 우리에게 행복을 가져다준다.

사르데냐의 결혼식에서 보게 된 파스티수스. 아이싱 장식이 아름답다.

콘페티를 레이스 천으로 감싸 꽃으로 장식한 기본적인 봉보니에르. 그 밖에, 도기에 담는 경우도 있다.

◆ ARTICOLO 3

과자와 관련된 이탈리아의 축제

종교 행사를 중시하는 이탈리아.
여기서는 종교 행사와 함께 수확을 축하하는 등의 크고 작은 다양한 축제를 소개한다.
언젠가 꼭 현지를 방문해 더 많은 향토 과자와 향토 요리를 맛보고 싶다.

	행사명	개최 시기	주/도시명	내용	관련 페이지
2월	초콜렌티노/Cioccolentino	2월 중순	움브리아/테르니	연인들의 수호성인 성 발렌티누스가 탄생한 테르니에서 열리는 초콜릿 축제. 노점이 들어서고 시식회도 열린다.	P96
	아몬드 꽃 축제/Sagra del mandorlo in fiore ✣	2월 하순~3월 상순	시칠리아/아그리젠토	아몬드 꽃 개화 시기에 열린다. 시칠리아의 특산품을 판매하는 노점이 들어서고 세계 각국의 민족의상을 입은 팀이 등장하는 댄스 퍼레이드도 있다.	—
	카니발/Carnevale ✣	카니발 기간	이탈리아 각지	베네치아, 비아레조(토스카나), 푸티냐노(풀리아), 시아카(시칠리아) 등 각지에서 개최된다. 과자점에서는 카니발 과자가 판매된다.	P98
3월	카스타뇰로 축제/Sagra del castagnolo	카니발 기간의 일요일	마르케/몬테 산 비토	카니발의 튀긴 과자, 카스타뇰(프리텔레) 축제. 그 밖의 튀긴 과자도 있다.	P72 외
4월	토로네 축제/Sagra del torrone	파스퀘타의 날	사르데냐/토나라	중세 도시의 중심지 토나라에서 토로네 실연이 이루어진다.	P207
	리코타 축제/Sagra della ricotta	4월 하순	시칠리아/비치니	신선한 리코타와 실연을 즐길 수 있다. 시칠리아의 리코타 과자가 판매된다. 1월에는 산탄젤로 무사노에서도 개최된다.	P176 외
	젤라티 디탈리아/Gelati d'Italia	4월 하순~5월 상순	움브리아/오르비에토	이탈리아의 20개주를 대표하는 젤라토 20종을 맛볼 수 있다.	P220
5월	페스타 디 산테피지오/Festa di Sant'Efisio ✣	5월 1일	사르데냐/칼리아리	민족의상, 축하용 과자와 빵을 즐길 수 있는 사르데냐 최대의 축제.	—
	페스티발 델 젤라토 아르티자날레/Festival del gelato artigianale	5월 하순	마르케/페사로	다양한 젤라토와 함께 유명 과자점의 쿠킹 쇼도 있다.	P220
	카네스트렐 축제/Sagra del canestrel	5월 하순	피에몬테/몬타나로	카네스트렐리 실연을 볼 수 있다.	P30
	칼초네 축제/Sagra del calcione	5월 하순~6월 상순	마르케/트레이아	다양한 종류의 칼초네를 맛볼 수 있다.	P131
8월	헤이즐넛 축제/Sagra della nocciola	8월 중순~하순	피에몬테/코르테밀리아	헤이즐넛을 사용한 과자와 요리를 즐길 수 있다. 다양한 지역 와인의 시음회도 열린다.	P16
9월	카네델리 축제/Sagra dei canederli	9월 중순	트렌티노 알토 아디제/비피테노	도시 중심지에 긴 탁자가 등장해 식사용부터 디저트까지 70종의 카네델리를 즐길 수 있다. 티롤의 민족의상 행사도 있다.	P88
	멜리가 데이/Meliga day	9월 하순	피에몬테/산탐브로지오 디 토리노	옥수수가루를 사용한 비스코티, 멜리가 축제. 지역 특산품을 판매하는 노점이 들어선다.	P138
	살로네 델 구스토/Salone del Gusto ✣	9~10월의 일주일간 (2년에 한 번, 짝수 년)	피에몬테/토리노	슬로푸드협회가 개최하는 전통식 전시회. 2년에 한 번 이탈리아 전역에서 모인 생산자들이 참가하며 과자 생산자들도 다수 참가한다.	—
	엑스포 피스타치오/EXPO Pistacchio	9월 하순~10월 상순	시칠리아/브론테	피스타치오의 도시 브론테에서 개최되는 피스타치오 과자 및 요리를 즐길 수 있다. 시칠리아 전역의 특산품 노점이 들어선다.	P178

*사그라(Sagra)'는 수확제에서 기원한 축제이다. 마을 단위의 규모가 작은 축제가 많고 교통편이 좋지 않은 경우도 있지만 현지에서만 느낄 수 있는 수확제 분위기를 즐길 수 있다.
*✣ = 비교적 집객 규모가 큰 축제
*해마다 개최 유무, 시기, 내용이 바뀌는 경우가 있다. 사전에 확인 후 방문하기 바란다.

	행사명	개최 시기	주/도시명	내용	관련 페이지
10월	밤 축제/Sagra delle castagne di Marradi (FI)	10월의 매주 일요일	토스카나/마라디	피렌체 교외의 산속 작은 마을에 군밤을 비롯한 특산품 노점이 들어선다. 셋째 주 주말에는 포키아르도(피에몬테)에서도 개최된다.	P106
	티라미수 데이/Tiramisù Day	10월 상순	베네토/트레비소	과자 장인들이 주도하는 티라미수 콩쿠르와 쿠킹 쇼도 열린다.	P74
	메르카토 델 파네 에 델로 스트루델/Mercato del Pane e dello Strudel Alto Adige	10월 상순	트렌티노 알토 아디제/브레사노네	이 지방의 빵과 요리 그리고 스트루델을 즐길 수 있다. 전통적인 보리 탈곡 방식의 실연도 볼 수 있다.	P82
	포마리아/POMARIA	10월의 두 번째 주 주말	트렌티노 알토 아디제/카세즈 디 산제노	사과 수확제. 사과를 이용한 다양한 과자와 함께 특산품, 향토 요리, 쿠킹 쇼, 요리 교실도 있다.	P70 외
	피에라 디 마로네/Fiera nazionale di marrone	10월 중순	피에몬테/쿠네오	도시의 중심지에서 전통적인 방식으로 군밤을 만드는 모습을 볼 수 있다. 밤으로 만든 과자를 비롯해 치즈, 꿀 등의 지역 특산물과 공예품을 판매하는 노점이 들어선다.	P106
	멜레 아 멜/Mele a Mel	10월 중순	베네토/멜	진귀한 종류의 사과와 지방 특산품 그리고 향토 요리를 즐길 수 있다. 민족의상 및 민족 음악 행사도 열린다.	P70 외
	라 카스타냐 인 페스타/La castagna in Festa	10월 중순	토스카타/아르치도소	밤을 사용한 요리, 과자를 즐길 수 있다. 특산품 노점이 들어선다.	P106
	마지고트 축제/Sagra del masigott	10월 중순	롬바르디아/에르바	에르바 중앙 광장에 가득한 마지고트를 볼 수 있다. 광장에 설치된 가설 트라토리아에서 향토 요리도 맛볼 수 있다.	P42
	에우로 초콜라토/Euro choccolato ✣	10월 중순~하순	움브리아/페루자	국내 유수의 초콜릿 생산지 페루자에서 열리는 초콜릿 축제. 전 세계에서 100만 명에 달하는 관광객이 방문한다. 노점이 들어서고 시식회도 있다.	P96
11월	초콜란디아/Cioccolandia	11월 상순	아브루초/페스카라	이탈리아 각지에서 모인 초콜릿 장인들의 초콜릿 시식 및 판매가 이루어진다.	P96
	사그라 멜레 미엘레/Sagra Mele Miele	11월 상순	피에몬테/바체노	사과와 꿀을 중심으로 한 지역의 소규모 생산자들이 상품을 전시한다. 양봉에 관한 미니 강좌도 있다.	P90
	초콜라 토/Coccola To'	11월 상순~중순	피에몬테/토리노	초콜릿의 도시 토리노에서 열리는 초콜릿 축제. 시식 및 초콜릿 만들기 실습 등 체험 프로그램도 다수.	P96
	페스타 델 토로네/Festa del torrone	11월 중순	롬바르디아/크레모나	중앙 광장에서 토로네를 비롯한 향토 과자 및 특산품 시식이 가능하다.	P207
	초코페스트/Chocofest	11월 하순~12월 상순	프리울리 베네치아 줄리아/그라디스카 디손초	토크 및 쿠킹 쇼도 열리는 초콜릿 축제. 노점이 들어서고 거리가 온통 초콜릿 세상이다.	P96
	레 파네토네/Re Panettone ✣	11월 하순~12월 상순	롬바르디아/밀라노	이탈리아 전역에서 솜씨 좋은 과자 장인들이 참가해 오리지널 파네토네를 선보인다. 이틀간 약 2만 명이 모인다.	P50
12월	초코모디카/Chocomodica	12월 상순	시칠리아/모디카	도시의 중심지에 모디카뿐 아니라 이탈리아 전역의 초콜릿 제조사들의 노점이 들어선다.	P96, 180
	돌체 시실리/Dolce Sicily	12월 하순	시칠리아/칼타니세타	토로네를 비롯한 시칠리아의 디저트를 맛볼 수 있다. 길거리 음식을 파는 노점이 다수 출점하며 신선한 리코타 시식도 가능하다.	P207 외

CENTRO
중부

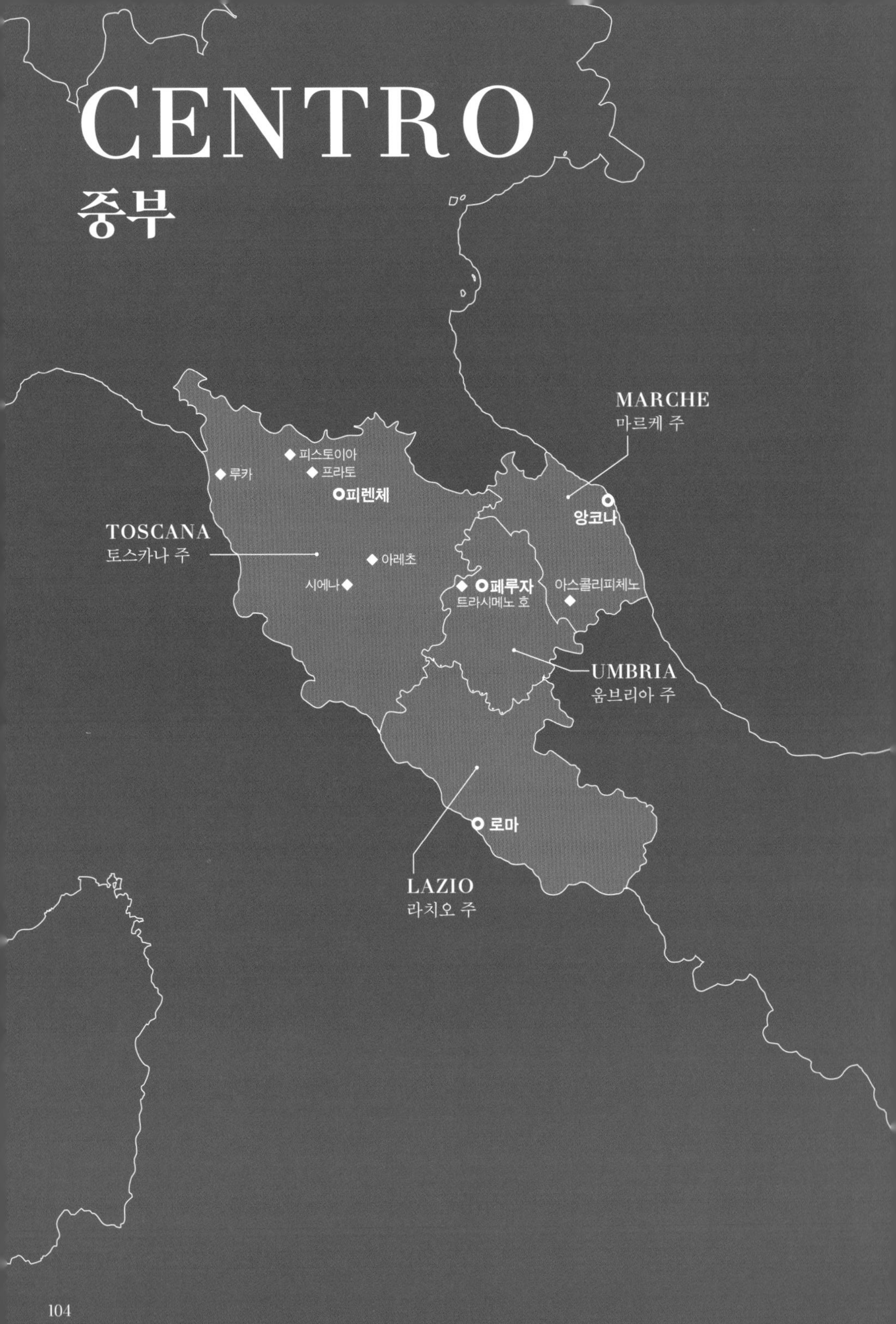

MARCHE
마르케 주

◆ 피스토이아
◆ 루카
◆ 프라토
피렌체

TOSCANA
토스카나 주

앙코나
◆ 아레초
시에나 ◆
◆ 페루자
트라시메노 호
아스콜리피체노
◆

UMBRIA
움브리아 주

로마

LAZIO
라치오 주

다양한 식문화가 혼재하는 지역. 구릉지에서 수확한 밤과 견과류, 농민 발상의 소박한 과자

수도 로마와 르네상스의 도시 피렌체를 거느린 이탈리아의 중부 지방. 남북으로 긴 이탈리아 반도의 거의 정중앙에 위치한 이 지방에서는 일찍이 에트루리아인과 고대 로마 제국에 의한 문명이 번성했다. 그 후로도 남부와 북부의 중간 지점에 위치하기 때문에 양쪽의 식재료와 식문화가 뒤섞이며 발전한 지역이기도 하다.

끝없이 이어지는 아름다운 구릉지대에서는 연질 소맥의 생산이 왕성했으며 토스카나의 산간부에서는 양질의 밤을 수확할 수 있었기 때문에 밤가루를 이용한 과자가 많이 만들어졌다. 르네상스기 메디치 가문의 번영으로 화려한 궁정 과자가 발전한 한편, 농민 발상의 단순한 재료로 만드는 소박한 맛의 과자도 많다. 이탈리아의 '초록 심장'이라고도 불리는 움브리아에서는 견과류, 바로 옆에 있는 마르케에서는 견과류와 함께 건과일을 사용한 과자도 다수 볼 수 있다. 마르케는 19세기 이탈리아에 통일되기까지 여러 개의 작은 영토로 나뉘어 있던 탓인지 곳곳에 그 지역 특유의 비스코티가 있는 것이 특징이다.

수도 로마를 거느린 라치오에는 로마 제국 시대부터 이어져 내려온 소박한 구움과자가 있지만 화려한 전통 과자는 적은데 이는 고대 로마 제국의 번영 이후, 이 지역에 메디치 가문과 같은 강력한 힘을 지닌 귀족이나 왕이 나타나지 않았기 때문일지 모른다. 하지만 그 시절 지금의 과자의 원형이 다수 만들어진 것을 생각하면 고대 로마 제국의 위대함에 탄복하지 않을 수 없다.

카스타냐초

CASTAGNACCIO

밤 가루로 만드는 달짝지근한 농민의 과자

●카테고리: 타르트·쿠키 ●상황: 가정, 과자점
●구성: 밤 가루 + 건포도 + 견과류 + 로즈마리

토스카나 전역에서 만들어지는 농민 발상의 과자. 리보르노에서는 토포네(toppone), 루카에서는 토르타 디 네초(torta di neccio), 아레초에서는 발디노(baldino)라고도 불린다. 밤 산지인 토스카나에서도 특히 북부 무겔로 지방의 밤은 맛이 진하고 질이 좋기로 유명하다.

카스타냐초는 가을에 수확한 밤을 빻아서 만든 밤 가루가 필요하기 때문에 가을부터 겨울에 걸쳐 만들어진다. 밤 가루를 만드는 전통 방식은 껍질을 벗긴 밤을, 그 껍질로 피운 불에 훈연해 말린 후 빻아서 가루로 만드는 것이다. 밤 수확철에만 볼 수 있는, 그야말로 계절 한정판으로 품절되면 다음 가을까지 기다릴 수밖에 없는 귀중한 식재료이다.

토스카나의 과자로 유명하지만 실은 리구리아, 롬바르디아, 피에몬테 등 아페닌 산맥 지대의 밤 산지에서 널리 만들어진다. 이들 지방에서 밤은 추운 계절의 중요한 영양원으로서 과자는 물론 요리에도 사용되었다. 리구리아에서는 향을 내는 용도로 로즈마리 외에 펜넬 씨를 넣기도 하고 피에몬테에서는 아마레티(→P24)나 사과를 넣어 부드러운 식감을 살리는 등 지방에 따라 다양하게 변형되기도 한다.

토스카나의 카스타냐초는 재료나 레시피가 매우 간단하다. 그만큼 맛있는 밤 가루를 구하는 것이 관건이다. 설탕, 달걀, 동물성 유지도 들어가지 않는, 밤 가루의 은은한 단맛을 즐길 수 있는 소박한 과자이다.

밤 가루(Farina di castagne)는 겨울에 품절되는 경우도 많다.

카스타냐초(지름 15㎝의 원형 틀 / 1개분)

재료

밤 가루……100 g
물……130㎖
잣……20 g
건포도……20 g
로즈마리(잎)……1/2개분
호두(굵게 다진다)……20 g
올리브유……8 g
소금……1 g

레시피

1 건포도를 미온수에 10분간 담가 불린 후 물기를 짠다.
2 볼에 밤 가루를 넣고 분량의 물을 조금씩 넣어가며 거품기로 섞어 부드러운 반죽을 만든다.
3 호두, 잣, 건포도를 각각 장식용으로 조금씩 남겨두고 나머지를 2에 넣고 섞은 후 소금을 넣고 계속 섞는다.
4 올리브유(분량 외)를 바른 틀에 3을 붓고 장식용으로 남겨둔 호두, 잣, 건포도, 로즈마리 잎을 얹은 후 올리브유를 두른다. 195℃로 예열한 오븐에서 약 35분, 표면이 완전히 마를 때까지 굽는다.

판포르테
PANFORTE

중세의 도시 시에나의 크리스마스 과자

●카테고리: 타르트·케이크 ●상황: 가정, 과자점, 축하용 과자
●구성: 아몬드+박력분+꿀+과일 당절임+향신료

견과류, 건과일, 향신료를 듬뿍 넣고 꿀로 반죽해 오븐에서 구워내는 농후한 풍미의 과자.

최초의 판포르테는 중세에 밀가루, 물, 꿀, 건과일을 넣고 만든 '파네 밀라토(pane milato)'라고 불리는 것이었다. 이것은 빵과 같은 것으로 시간이 지나면 곰팡이가 피어 신맛이 났는데 밀가루가 귀했던 당시에는 그것을 버리지 않고 먹었기 때문에 신맛이 나는 것이라는 의미의 라틴어 '포르티스(fortis)'에서 유래한 판포르테라는 이름이 붙었다고 한다. 그 후, 중세 성기에는 수도원에 의해 설탕이나 향신료 등 동방 무역을 통해 이탈리아로 들어온 새로운 식재료를 사용한 개량이 이루어지며 당분, 견과류, 건과일, 향신료가 듬뿍 들어간 장기 보존이 가능한 영양가가 높은 과자로 발전했다. 후추(pepe)가 많이 들어갔기 때문에 '판페파토(panpepato)'라고도 불리었다고 한다. 1296년 시에나 공화국과 피렌체 공화국 사이에 발발한 몬타페르티 전투에서 '전쟁 중에 영양가 높은 판포르테를 먹었던 시에나 군이 수적으로 우세한 피렌체 군에 대승했다'는 등의 전설도 있다.

오늘날 시에나에서는 판포르테, 움브리아에서는 판페파토로 불리는 각 지역의 명과로 자리 잡았다. 기본적으로는 크리스마스에 주로 먹는 과자이지만, 요즘은 일 년 내내 과자점에서 만날 수 있다.

판포르테(지름 15㎝의 원형 틀 / 1개분)

재료

그래뉴당……40 g
꿀……40 g
박력분……30 g
껍질을 벗겨 구운 아몬드……75 g
구운 헤이즐넛……40 g
오렌지 당절임(1㎝ 정도로 깍둑썰기)……70 g
시트론 당절임(1㎝ 정도로 깍둑썰기)……70 g
시나몬파우더……3 g
클로브파우더……1 g
넛맥……소량
후추……소량
분당……적당량

※호스티아……지름 15㎝의 원형 1장

레시피

1. 냄비에 그래뉴당과 꿀을 넣고 중불에 올려 끓인다.
2. 볼에 분당을 제외한 모든 재료를 넣고 주걱으로 잘 섞은 후 1을 조금씩 넣으며 함께 섞는다.
3. 틀 바닥에 호스티아(없으면 유산지)를 깔고 옆면에는 녹인 버터(분량 외)를 바른 후 2의 반죽을 부어 평평하게 만든다.
4. 분당을 뿌리고 170℃로 예열한 오븐에서 약 30분간 굽는다. 식으면 분당을 듬뿍 뿌린다.

호스티아(hostia)는 밀가루로 만든 얇은 빵과 같은 것으로, 미사 때 신부가 신자들에게 주는 그리스도의 성체를 나타낸 것이다.

리차렐리
RICCIARELLI

시에나의 마름모꼴 아몬드 과자

◆ ◆

- 카테고리: 비스코티
- 상황: 가정, 과자점
- 구성: 아몬드 + 설탕 + 달걀흰자 + 오렌지

중세부터 시에나에 전해지는 오렌지 풍미의 부드러운 아몬드 과자. 십자군으로 출정했던 기사가 동방에서 가지고 돌아온 과자를 수도원에서 재현했다고 전해지며, 아랍의 깊은 영향을 받은 시칠리아의 마르자파네와도 비슷하다. 리차렐리라는 이름은 19세기 이후에 사용되었는데 오그라든다는 뜻의 '아리치아레(arricciare)'가 어원이다. 구워지는 동안 과자 표면이 오그라들면서 생긴 균열이 있는 것이 특징이다. 보통 토스카나의 달콤한 와인 빈 산토와 곁들여 먹는다.

리차렐리(12개분)

재료

껍질을 벗긴 아몬드……100g
분당……50g
물……1큰술
옥수수 전분……10g
오렌지 제스트……1/2개분
달걀흰자……1/4개분

레시피

1 푸드 프로세서에 아몬드와 분당 35g을 넣고 가루로 만든다.
2 작은 냄비에 나머지 분당과 분량의 물을 넣고 약불에 올려 분당을 녹인다.
3 볼에 1, 오렌지 제스트, 옥수수 전분을 넣고 가볍게 섞는다. 거품기로 폭신하게 거품을 낸 달걀흰자와 2를 넣고 손으로 치대 한 덩어리로 뭉친 후 랩을 씌워 냉장고에서 2시간 휴지시킨다.
4 길이 약 6㎝, 두께 1㎝의 마름모꼴(또는 타원형)로 성형해 12개를 만들고 유산지를 깐 트레이에 올린다. 분당(분량 외)을 가득 뿌려 150℃로 예열한 오븐에 넣고 12~15분간 굽는다.

칸투치
CANTUCCI

아몬드를 듬뿍 넣은 단단한 비스코티

◆ ◆

- 카테고리: 비스코티
- 상황: 가정, 과자점, 빵집
- 구성: 박력분 + 아몬드 + 설탕 + 달걀

비스코티 디 프라토(biscotti di prato)라고도 불리는 프라토가 발상인 비스코티로, 현재는 토스카나 지방의 대부분의 도시에서 만들어진다. 바삭하게 씹히는 소리가 노래와 같다고 하여 작은 노래(cantucci)라는 이름이 붙었다. 두 번 굽는다는 뜻의 비스코티라는 이름 그대로 처음에는 덩어리째 구워낸 후 잘라서 다시 한 번 굽는 것이 특징이다. 무척 단단하기 때문에 이 칸투치도 토스카나의 달콤한 와인 빈 산토나 커피에 적셔 먹는다.

칸투치(40개분)

재료

달걀(전란)……2개
그래뉴당……180 g
박력분……270 g
암모니아카(팽창제)……1 g
우유……10㎖
껍질을 벗기지 않은 아몬드……120 g
달걀물……적당량

레시피

1 볼에 달걀과 그래뉴당을 넣고 주걱으로 가볍게 섞은 후 아몬드와 달걀물 이외의 재료를 모두 넣는다. 손으로 뭉치듯이 섞어준 후 아몬드를 넣는다. 작업대에 올려놓고 치대 한 덩어리로 뭉친다.
2 반죽을 반으로 나눠 각각을 약 25×4㎝의 사각형 모양으로 만든다. 유산지를 깐 트레이에 올린 후 붓으로 달걀물을 발라 180℃로 예열한 오븐에서 약 20분간 굽는다.
3 오븐에서 꺼내 칼로 약 1㎝ 너비로 비스듬히 자른다. 자른 면이 위로 오도록 트레이에 올린다. 180℃의 오븐에서 약 10분, 수분이 완전히 날아갈 때까지 굽는다.

스키아차타 알라 피오렌티나

SCHIACCIATA ALLA FIORENTINA

피렌체의 문장이 장식된 구움 과자

●카테고리: 구움 과자 ●상황: 가정, 과자점, 축하용 과자
●구성: 스펀지 반죽+오렌지

오렌지 풍미와 폭신한 식감이 특징인 피렌체의 겨울 과자. 전통적으로는 카니발 기간을 마무리하는 마르테디 그라소(martedi grasso)에 먹는 과자로, 영양가 있는 음식을 먹고 다음날부터 시작되는 절식 기간에 대비하기 위해 라드를 듬뿍 사용한 발효 과자였다. 1800년대의 위대한 미식가이자 작가였던 펠레그리노 아르투시가 쓴 이탈리아 중북부의 향토 요리서에도 '기름 스키아차타'라는 이름으로 등장할 정도이다. 현재는 라드 대신 올리브유나 버터로 대체하거나 발효도 하지 않는 경우가 많다. 현대에는 절식하는 관습도 점점 사라지는 데다 생활양식도 변화했기 때문에 재료나 공정이 한결 단순해진 것이다. 스키아차타(schiacciata, 으깨다)라는 이름 그대로 높이는 3㎝ 이하가 기본. 과자점에서는 잘라서 판매되기도 하며 시트를 반으로 잘라 커스터드 크림을 듬뿍 넣은 것도 있다.

이 과자 위에 장식된 피렌체의 문장은 '백합'으로 알려졌지만 실제로는 아이리스(붓꽃 속)를 디자인한 것이다. 이 꽃이 어떻게 피렌체의 문장이 되었는지는 분명치 않지만 로마 제국 시대, 피렌체 근교에 아이리스가 필 무렵 피렌체 도시의 건설이 시작된 데서 유래했다고 한다. 붉은 아이리스 문장은 피렌체 거리 곳곳에서 볼 수 있는 도시의 상징으로, 카니발 기간이 되면 과자점의 진열대에서도 이 문장이 장식된 과자를 만나볼 수 있다.

스키아차타 알라 피오렌티나(18×24㎝의 사각형 틀 / 1개분)

재료

달걀(전란)……3개
그래뉴당……200 g
올리브유……50㎖
A
- 우유……90㎖
- 오렌지 제스트……1개분
- 오렌지즙……1개분(60㎖)

B
- 박력분……300 g
- 베이킹파우더……16 g
- 바닐라파우더……적당량

분당(마무리용)……50 g
코코아파우더(마무리용)……적당량

레시피

1 볼에 달걀, 그래뉴당을 넣고 거품기로 되직하게 섞는다. 올리브유를 조금씩 넣으며 섞고 A도 조금씩 넣으며 함께 섞는다.
2 B를 넣고 부드럽게 될 때까지 주걱으로 잘 섞는다.
3 유산지를 깐 틀에 2를 붓고 170℃로 예열한 오븐에서 약 30분간 굽는다. 식으면 전체에 분당을 고루 뿌리고 아이리스 문장으로 잘라낸 틀을 올려 코코아파우더를 뿌린다.

주코토
ZUCCOTTO

메디치 가문을 위해 만들었던 최초의 세미 프레도

●카테고리: 생과자 ●상황: 과자점, 바·레스토랑
●구성: 스펀지 반죽+리코타 크림+견과류

주코토는 반구 모양의 생과자로, 성직자들이 쓰는 작은 원형 모자 주케토(zucchetto) 혹은 15~16세기의 병사들이 썼던 금속제 모자인 주코토(zucct-too)와 비슷해 이런 이름이 붙여졌다. 스펀지케이크에 리코타 크림, 알케르메스라는 붉은색 리큐어를 넣어 풍미를 더했다. 구조가 단순하기 때문에 다양한 변형이 가능하다. 리코타 크림에는 견과류, 초콜릿, 과일 당절임을 듬뿍 넣는데 리코타 대신 생크림을 사용하거나 생크림에 커스터드를 섞은 크레마 디플로마티카(→P225)를 넣기도 한다.

16세기 중반 베르나르도 부온탈렌티(Bernardo Buontalenti)가 메디치가를 위해 고안한 것이 기원으로 알려진다. 건축가이자 예술가였던 그는 음식에도 조예가 깊어 겨울철 눈이나 얼음을 모아 여름에도 보존이 가능한 저장고를 만드는 데 성공하며 식품의 냉동 기술을 발명했다. 반구형 저장고 안에서 세미 프레도(semi freddo, 반만 얼린)라는 새로운 과자의 장르를 완성해 엘모 디 카테리나(elmo di caterina, 카테리나의 투구)라고 명명한 것이 최초의 주코토였다. 메디치가의 카테리나 데 메디치가 프랑스 왕과 결혼하면서 세미 프레도를 가져갔다는 유명한 이야기가 전해진다.

피렌체의 과자점에서는 다양하게 변형된 주코토를 만날 수 있다. 여러 가지 주코토를 먹고 맛을 비교해보는 것도 여행의 재미일 듯하다.

알코올에 향신료를 넣고 담근 붉은색 리큐어. 현재는 벌레의 색소가 아닌 천연 식용 착색료를 사용한다.

주코토(지름 15cm의 반구형 틀 / 1개분)

재료

- 기본 스펀지케이크 반죽(→P222)……150g
- 리코타 크림
  - 리코타……300g
  - 분당……75g
  - 레몬 제스트……1/2개분
  - 오렌지 당절임(굵게 다진다)……50g
  - 시트론 당절임(굵게 다진다)……40g
  - 비터 초콜릿(굵게 다진다)……50g
  - 껍질을 벗기지 않은 구운 아몬드(굵게 다진다)……50g
- 시럽
  - 알케르메스……30mℓ
  - 물……30mℓ
  - 그래뉴당……10g
- 코코아파우더(마무리용)……적당량

레시피

1 리코타 크림을 만든다. 리코타는 체에 거르고, 아몬드는 180℃로 예열한 오븐에서 구워 잘게 다진다. 나머지 재료와 함께 볼에 넣고 잘 섞는다.
2 시럽을 만든다. 냄비에 분량의 물과 그래뉴당을 넣고 중불에 올려 녹으면 불에서 내린다. 식으면 알케르메스를 넣고 섞는다.
3 스펀지케이크 시트는 두께 1cm, 너비 3cm, 길이 20cm의 띠 모양으로 잘라 5개 정도를 따로 떼어 둔다. 자른 시트를 틀에 빈틈없이 깔고 붓으로 2의 시럽을 바른다.
4 3에 1의 크림을 넣고 따로 떼어 둔 시트를 크림 위에 뚜껑을 덮듯 빈틈없이 덮어준다. 시럽을 바르고 랩을 씌워 냉장고에 넣고 하룻밤 휴지시킨다.
5 틀을 거꾸로 뒤집어 접시에 담고 코코아파우더를 뿌려 완성한다.

네치

NECCI

쫄깃쫄깃한 밤 가루로 만든 크레이프

◆ ◆

- 카테고리: 생과자
- 상황: 가정
- 구성: 밤 가루 + 설탕 + 리코타 크림

토스카나 지방에서도 특히 루카와 피스토이아에 걸친 지역의 향토 과자. 밤 수확철이 되면 거리에는 네치를 파는 노점이 출현한다. 이탈리아에서는 피아스트라(piastra)라고 하는 2장의 철판 사이에 반죽을 넣고 굽는다. 밤 가루의 은은한 단맛과 쫄깃한 식감이 특징. 과거에는 밤 꿀을 뿌려 먹었다. 달콤한 네치 외에도 크레이프처럼 살라미 등을 넣어 식사용으로 변형한 종류도 있다.

네치(4개분)

재료

밤 가루……50 g
그래뉴당……15 g
소금……한 자밤
물……80㎖
올리브유……10㎖
기본 리코타 크림(→P224)……200 g

레시피

1 볼에 밤 가루, 그래뉴당, 소금을 넣고 가볍게 섞은 후 분량의 물을 조금씩 넣어가며 거품기로 젓는다. 올리브유를 넣고 반죽이 잘 어우러지도록 섞는다.
2 가열한 프라이팬에 올리브유를 얇게 두르고(분량 외) 1의 반죽 1/4 분량을 붓는다. 프라이팬을 돌리며 반죽을 지름 10㎝ 정도로 얇게 펴고 앞뒷면을 잘 굽는다. 같은 방법으로 4장 만든다.
3 식으면 1/4 분량의 리코타 크림을 반죽 중앙에 올리고 양끝을 포개듯 접어준다.

주파 잉글레제
ZUPPA INGLESE

'영국풍 스프'*라는 이름의 스푼 과자

◆ ◆ ◆ ◆ ◆ ◆ ◆ ◆ ◆ ◆ ◆ ◆ ◆ ◆ ◆ ◆ ◆ ◆ ◆ ◆

●카테고리: 스푼 과자
●상황: 과자점, 바·레스토랑
●구성: 스펀지케이크 반죽 + 알케르메스 + 커스터드 크림 + 휘핑크림

알케르메스(→P115)를 듬뿍 적신 스펀지케이크와 커스터드를 겹겹이 쌓는 것이 기본. 이탈리아에는 '돌체 알 쿠차이오(dolce al cucchiaio, 스푼 과자)'라는 카테고리가 있다. 크림, 무스 등 스푼을 사용해 먹는 디저트 과자의 유형이다. 주파 잉글레제의 발상은 메디치 가문과 관련이 있는데, 일찍부터 커트러리를 사용해 식사를 즐겼던 이탈리아의 귀족 문화를 과자의 구분을 통해서도 엿볼 수 있다는 점이 흥미롭다.

*P75 참조

주파 잉글레제(3인분)

재료

기본 스펀지케이크 반죽(→P222)……약 60g
기본 커스터드 크림(→P223)……200g
알케르메스……50㎖
생크림……100㎖
그래뉴당……20g

레시피

1 1.5㎝ 크기로 깍둑썬 스펀지 시트의 1/9 분량을 그릇에 담는다. 붓을 이용해 시트에 알케르메스를 듬뿍 바른다.
2 커스터드 크림의 1/6 분량을 넣고 그 위에 1/9 분량의 스펀지케이크 시트를 얹은 후 알케르메스를 바른다. 다시 한 번, 크림과 시트를 얹은 후 알케르메스를 바른다. 같은 방법으로 3인분을 만든다.
3 생크림에 그래뉴당을 넣고 80% 정도로 휘핑한 크림을 얹어 완성한다.

라타이올로

LATTAIOLO

우유와 달걀로 만든 구운 푸딩

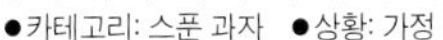

- 카테고리: 스푼 과자 ●상황: 가정
- 구성: 달걀 + 우유 + 설탕 + 옥수수 전분

우유, 달걀, 밀가루 그리고 시나몬이나 넛맥 등의 향신료만으로 만드는, 요리법과 재료가 무척 간단한 스푼 과자. 푸딩이나 크렘 브륄레와 매우 비슷하지만 캐러멜 토핑이 올라가지 않는다는 차이점이 있다. 에밀리아로마냐에는 카사티엘로, 라테르올로, 코포라고 불리는 비슷한 과자가 있다.

라타이올로는 16세기부터 토스카나 지방에 전해지는 전통 과자로, 지금은 잘 알려지지 않은 과자 중 하나이다. 성체 축일(Corpus Domini)에 농민이 영주에게 바치기 위한 과자로 처음 만들었다고 한다. 과거에는 성체 축일이 중요한 축일이었으나 1977년 국내 총생산을 높이기 위한 축일 삭감 정책이 채택되면서 평일이 되었다. 이탈리아인의 식문화는 종교와 관련이 깊기 때문에 오늘날 라타이올로가 자취를 감추게 된 것도 이 정책이 원인일지 모른다.

에밀리아로마냐에서는 파스타 마타(→P225)라고 불리는 밀가루, 물, 올리브유만으로 반죽한 간단한 타르트와 같은 것이었다고 한다. 틀을 사용하면 영주에게 헌상할 때 그 틀까지 바쳐야 했기 때문에 파스타 마타를 그릇처럼 사용한 것이 기원이었다고 한다.

이탈리아 요리의 아버지로 불리는 아르투시(Pellegrino Artusi, 1820~1911)의 요리책에는 라테 알 포르투기스(latte al portoghese)라는 라타이올로와 매우 유사한 레시피가 전해진다. 당시의 레시피는 냄비에 반죽을 넣고 뚜껑을 덮은 후, 윗부분까지 열이 잘 통하도록 고온에서 가열한 숯을 올려 장작 가마에 넣고 구웠다. 지금은 전기 오븐 덕분에 간단히 만들 수 있지만 과거에는 특별한 날에 준비하는 귀한 존재였던 것이다.

라타이올로(14×18㎝의 사각형 틀/1개분)

재료

우유……300㎖
옥수수 전분……25 g
A
- 달걀(전란)……2개
- 그래뉴당……50 g
- 레몬 제스트……1/2개분
- 시나몬파우더……소량
- 넛맥파우더……소량
- 소금……한 자밤

레시피

1. 볼에 A를 넣고 거품기로 잘 섞는다.
2. 체에 친 옥수수 전분을 넣고 거품기로 섞는다.
3. 냄비에 우유를 넣고 끓기 직전까지 가열해 2에 조금씩 넣으며 거품기로 섞는다.
4. 유산지를 깐 틀에 3을 붓고 160℃로 예열한 오븐에서 약 40분간 굽는다.

스키아차타 콘 루바

SCHIACCIATA CON L'UVA

신선한 포도를 얹어 구워낸 포카치아

●카테고리: 빵·발효 과자 ●상황: 가정, 과자점, 빵집
●구성: 발효 반죽 + 포도

포도 수확철이면 피렌체의 가을을 대표하는 스키아차타 콘 루바가 과자점과 빵집 진열대에 가득 놓인 모습을 볼 수 있다. '스키아차타 = 으깬'이라는 이름 그대로 얇은 포카치아와 같은 과자이다. 피렌체와 프라토의 전통 과자이지만 지금은 토스카나 거의 전역에서 만들어지고 있다.

본래 9~10월에 걸친 포도 수확철에 농민이 만들었던 과자라는 것은 단순한 재료만 봐도 알 수 있다. 농민 발상의 과자이다 보니 정확한 요리법에 대한 기록이 남아 있지 않고 가정에서 대를 이어 전해진 과자이다.

전통적으로는 카나이올로라는 키안티 지방에서 주로 재배되는 품종의 포도를 사용한다. 카나이올로 품종은 포도 알이 작고 씨가 커서 와인 양조에는 맞지 않지만 달고 과즙이 풍부해 과자를 만들기에 적합했다. 한 장의 시트 위에 포도를 얹거나 2장의 시트 사이에 포도를 넣고 위에도 포도를 얹은 것이 있는데 둘 다 굽는 동안 포도에서 과즙이 흘러나와 시트가 촉촉하고 부드러워진다. 빵에 가까운 반죽이지만 입에 넣으면 누가 뭐래도 과자를 먹고 있는 느낌이다. 포도 씨도 그대로 먹기 때문에 반죽의 부드러움과 단단한 포도 씨의 대비 그리고 오독오독 씹히는 경쾌한 소리도 즐겁다. 카나이올로 품종은 병충해에 취약해서 재배를 중단하는 사람도 많아 현재는 프라골라나 모스카토 네로 품종으로 대체하기도 한다.

발효 반죽에 생 포도를 얹은 대담한 과자이지만 시트에서 배어나오는 포도의 단맛과 포도 씨의 식감이 한 번 먹으면 잊히지 않는다. 가을의 피렌체에서 꼭 한 번 먹어보길 바란다.

스키아차타 콘 루바(26×20㎝ / 1개분)

재료

박력분……200 g
미온수……90㎖
생 이스트……5 g
그래뉴당……5 g + 10 g
올리브유……15 g
소금……3 g
포도……400 g

레시피

1 분량의 미온수 일부에 생 이스트를 녹인다.
2 믹서 볼에 박력분, 1, 그래뉴당 5 g을 넣고 나머지 미온수를 넣어 젓다가 한 덩어리로 뭉쳐지면 올리브유와 소금을 넣고 표면이 매끄럽게 될 때까지 섞는다.
3 따뜻한 장소에서 1시간, 2배 정도로 부풀 때까지 발효시킨다.
4 밀대를 이용해 반죽을 약 1㎝ 두께로 편다.
5 포도를 얹고 그래뉴당 10 g을 뿌린다.
6 180℃로 예열한 오븐에서 약 25분, 포도가 부드러워질 때까지 굽는다.

토르타 차라미콜라

TORTA CIARAMICOLA

페루자의 부활절 케이크

●카테고리: 타르트·케이크 ●상황: 가정, 과자점, 축하용 과자
●구성: 박력분＋버터＋설탕＋달걀＋알케르메스＋머랭

과거의 유산이 당연한 듯 남아 있는 이탈리아 내에서도 움브리아의 주도 페루자는 기원전 8세기~기원전 2세기 에트루리아 시대부터 번영을 누린 오래된 도시이다. 차라미콜라라는 독특한 이름은 움브리아의 방언 차라(ciara), 이탈리아어로는 밝다, 빛나다 그리고 달걀흰자를 의미하는 키아라(chiara)가 어원이라고 한다. 그 이름 그대로, 표면은 하얗고 폭신한 머랭으로 덮여 있다.

겉보기에는 하얀 머랭으로 덮여 있는 참벨라(도넛) 형태의 케이크이지만 자르면 붉은색 속살이 드러난다. 그 의외의 대비에 놀라게 된다. 케이크 시트의 붉은색은 알케르메스의 색이다. 하얀 머랭과 붉은 알케르메스는 페루자의 주기(州旗)의 색을 나타낸 것이라고 하는데, 그 밖의 다른 의미가 있다는 설도 있다. 흰색과 붉은색 그리고 컬러 스프링클의 파란색, 녹색, 노란색까지 이 다섯 가지 색상이 페루자의 5개의 문 그리고 각각의 문을 통해 이어지는 지구(地區)를 표현했다는 것이다. 빨간색은 산탄젤로 문을 통해 땔나무를 운반하는 길로, 흰색은 솔레 문을 통해 대리석이 태양을 비추는 지구로, 파란색은 수잔나 문을 통해 트라시메노호로 이어지는 길로, 녹색은 에브네아 문을 통해 숲과 포도밭으로 이어지는 길로, 노란색은 산 피에트로 문을 통해 시민의 식탁을 지지하는 황금빛 보리가 운반되는 길로 이어진다. 각 지구는 지금도 귀중한 보물과 예술 작품을 보관하고 있으며 페루자의 발전상을 시대의 변천에 따라 살펴볼 수 있다. 매년 6월에 열리는 페루자 1416이라는 축제에서는 이 5개 지구가 겨루는 이벤트가 열린다.

과자 하나로 페루자의 역사까지 들여다볼 수 있다니, 이탈리아의 과자는 정말 놀랍다.

컬러 스프링클은 중부 이남 지방의 축하용 과자 장식에 빠지지 않는다.

토르타 차라미콜라(지름 16㎝의 참벨라형 틀 / 1개분)

재료

달걀(전란)……1개
그래뉴당……125 g
박력분……225 g
베이킹파우더……8 g
녹인 버터……50 g
레몬 제스트……1/4개분
알케르메스……50㎖

머랭
- 달걀흰자……1개분
- 분당……10 g

컬러 스프링클(마무리용)……적당량

※참벨라형 틀은 엔젤 케이크 틀로 대용.

레시피

1. 볼에 달걀, 그래뉴당, 레몬 제스트를 넣고 거품기로 되직해질 때까지 섞는다.
2. 박력분, 베이킹파우더를 넣고 주걱으로 섞어 가루가 잘 어우러지면 녹인 버터와 알케르메스를 넣고 부드럽게 될 때까지 잘 섞는다.
3. 버터를 바르고 박력분을 뿌린(각 분량 외) 틀에 2를 붓고 180℃로 예열한 오븐에서 약 30분간 굽는다.
4. 오븐에서 꺼내 그대로 10분 정도 방치한 후 틀에서 꺼낸다. 분당과 달걀흰자를 합쳐 끝이 살짝 휘어질 정도로 거품을 낸 머랭을 얹은 후 컬러 스프링클을 뿌린다.
5. 열이 식지 않은 오븐에 다시 넣고 머랭의 색이 변하지 않도록 문을 살짝 열어둔 채 10분 정도 머랭을 건조시킨다.

토르콜로 디 산 코스탄초

TORCOLO DI SAN COSTANZO

1월 29일 산 코스탄초의 축하용 과자

●카테고리: 빵·발효 과자 ●상황: 가정, 과자점, 빵집, 축하용 과자
●구성: 발효 반죽 + 건포도 + 잣 + 과일 당절임

이탈리아의 달력에는 날짜 옆에 그 날의 성인의 이름이 쓰여 있다. 또 각각의 도시에는 수호성인이 있으며, 그 성인의 날을 축일로 삼는다. 움브리아의 주도 페루자에서는 1월 29일이 산 코스탄초의 날이다. 이 날이 다가오면 페루자의 거리 곳곳에서 토르콜로 디 산 코스탄초를 볼 수 있다. 산 코스탄초는 페루자 최초의 주교로서 오랫동안 직무를 다하다 마르쿠스 아우렐리우스의 명으로 178년에 순교한다. 그날이 1월 29일이었다고 한다.

소박한 발효 반죽에 건포도, 과일 당절임, 잣, 아니스가 들어가고 형태는 중앙에 구멍이 뚫린 도넛 모양이다. 참수당한 산 코스탄초의 상처를 가리기 위해 꽃목걸이를 둘렀다는 전설에서 목걸이 모양의 과자가 만들어졌다고 한다. 5곳에 칼집을 넣은 것은 페루자의 5개의 문을 표현한 것이라고 하는데 구워진 후에는 아쉽게도 칼집이 거의 보이지 않는다. 참고로, 토르콜로라는 이름은 목걸이를 의미하는 토르퀴스(torquis)라는 라틴어에서 유래했다.

과자치고는 다소 퍼석퍼석한 식감의 이 토르콜로는 대부분 움브리아의 달콤한 와인 빈 산토에 적셔 먹는다.

토르콜로 디 산 코스탄초(지름 20㎝ / 1개분)

재료

박력분……80 g
마니토바 밀가루……60 g
미온수……70㎖
맥주 효모……8 g
그래뉴당……30 g
소금……2 g
버터(실온 상태의 부드러운 버터)……15 g
올리브유……20㎖
A
- 건포도……40 g
- 시트론 당절임(굵게 다진다)……35 g
- 잣……25 g
- 아니스 씨……4 g

달걀물……적당량

레시피

1 볼에 박력분과 마니토바 밀가루를 넣고 중앙을 움푹하게 만든다. 분량의 미온수에 녹인 맥주 효모를 움푹한 곳에 붓고 부드럽게 될 때까지 치댄다.
2 표면에 십자형으로 칼집을 넣고 따뜻한 장소에서 30분, 행주를 덮어 2배 크기로 부풀 때까지 발효시킨다.
3 A의 건포도는 미온수(분량 외)에 약 15분간 담가 부드럽게 불리고 물기를 잘 짠다.
4 다른 볼에 그래뉴당, 소금, 올리브유를 넣고 거품기로 잘 섞는다. 실온 상태의 버터는 잘게 자른다.
5 2를 작업대에 올려놓고 밀대를 이용해 약 1㎝ 두께로 펴고 4를 올린다. 반죽이 부드러우므로 스크래퍼를 사용해 치대고 모든 재료가 잘 어우러지면 3, A를 넣는다. 손에 묻지 않게 될 때까지 반죽해 약 30분, 따뜻한 장소에서 면포를 덮어 휴지시킨다.
6 반죽을 지름 3㎝의 막대 모양으로 늘이고 그대로 작업대 위에서 반죽을 비틀어 양 끝부분을 붙인 후 원형으로 만든다. 유산지를 깐 트레이에 올려 따뜻한 장소에서 1시간 발효시킨다.
7 다섯 군데에 비스듬히 칼집을 넣고 달걀물을 발라 170℃로 예열한 오븐에서 약 20분간 굽는다.

토르칠리오네

TORCIGLIONE

뱀 모양의 크리스마스 아몬드 과자

●카테고리: 구움 과자 ●상황: 가정, 과자점, 축하용 과자
●구성: 아몬드 + 설탕 + 잣 + 시트론 당절임

이탈리아 전역에는 다양한 크리스마스 과자가 있지만 토르칠리오네는 그 중에서도 가장 이채를 띠는 존재이다. 뱀이 똬리를 틀고 있는 듯한 모양의 이 과자는 페루자 지방의 크리스마스 구움 과자이다. 왜 이런 모양이 되었을까……거기에는 여러 설이 있다.

과거 페루자 인근 트라시메노호 부근 마을에서는 동짓날이 되면 아몬드와 꿀을 넣은 뱀 모양의 과자를 만들었다고 전해진다. 파충류는 자라면서 허물을 벗기 때문에 생명력 또는 젊음의 상징으로 여겨졌다. 또 둥글게 말린 형태는 계절의 주기적인 변화 혹은 인간의 윤회전생을 표현한 것이라고도 한다. 그 밖에 가톨릭교에서는 뱀을 사악한 존재로 여기기 때문에 그런 뱀을 본뜬 과자를 먹음으로써 악에 대한 승리를 표현한 것이라는 설도 있다.

한편으로는, 뱀이 아니라 트라시메노호에 서식하는 장어를 표현한 것이라는 설도 있다. 어느 겨울의 금요일, 한 고위 성직자가 트라시메노호에 있는 마조레 섬의 수도원을 방문했다고 한다. 가톨릭 교리에 따르면, 금요일은 절식의 의미로 생선을 먹는(육류를 먹지 않는) 날이었는데 하필 트라시메노호가 꽁꽁 얼어붙어 명산인 장어를 대접할 수 없었다고 한다. 결국, 수도원의 조리 책임자는 수도원에 있는 식재료로 만든 장어 모양의 과자를 내놓았는데 그것이 토르칠리오네였다는 것이다. 이탈리아에서는 크리스마스이브의 저녁식사에 '악을 쫓는' 의미로 장어를 먹는 지방이 많았기 때문에 이 설도 꽤 유력하다는 생각이 든다.

어쨌든 트라시메노호에서 처음 만들어져 현재는 그곳에서 25㎞ 정도 떨어진 페루자의 전통 과자로 자리 잡은 것은 분명해 보인다.

토르칠리오네(지름 12㎝ / 1개분)

재료

껍질을 벗긴 아몬드…125 g
그래뉴당……50 g
달걀흰자……1/2개분
시트론 당절임……40 g
잣……10 g
드레인 체리(빨간색)……1개
껍질을 벗긴 아몬드(장식용)……7개
달걀흰자……적당량

레시피

1 푸드 프로세서에 아몬드, 그래뉴당, 시트론 당절임을 넣고 잘게 다진다.
2 달걀흰자, 잣을 넣고 손으로 치댄 반죽을 굵기 3㎝, 길이 30㎝ 정도로 늘인다. 둥글게 말아 똬리를 튼 뱀 모양으로 성형한다.
3 2㎝ 간격으로 비스듬히 칼집을 넣고 장식용 아몬드를 올린다. 뱀의 눈이 있을 자리에 반으로 자른 드레인 체리를 올린다.
4 붓으로 달걀흰자를 바른 후 160℃로 예열한 오븐에서 약 30분, 옅은 갈색빛이 나도록 굽는다.

프루스틴고
FRUSTINGO

건무화과가 들어간 크리스마스 과자

●카테고리: 마지팬·그 외 ●상황: 가정, 과자점, 축하용 과자
●구성: 건무화과＋건포도＋과일 당절임＋견과류＋박력분＋설탕

마르케 전역에서 만들어지는 과자로, 프리스틴고, 프로스텐고, 피스틴고, 보스트렌고* 등 지역에 따라 다양한 이름으로 불린다. 프루스틴고는 마르케 주 남부에 있는 아스콜리피체노 지방에서 불리는 이름으로 '프루스텀(frustum=작은 것, 낮고 폭이 넓은 것)'이라는 뜻의 라틴어에서 유래했다. 실제 프루스틴고는 낮고 평평한 형태가 많다. 레시피도 지방 및 가정에 따라 다양한 변형이 있는데 과거에는 건무화과, 호두, 아몬드, 꿀과 같은 간단한 재료로 만드는 농민의 과자였다.

이 과자에 대해 조사하면서 그 원형이 기원전 번영을 누린 에트루리아까지 거슬러 올라간다는 설을 발견했다. 당시는 스펠트 밀, 보리, 꿀, 건과일, 견과류, 향신료 그리고 돼지의 피를 이용해 만들었다고 한다. 고대 로마 제국 시대에도 만들어진 이 과자는 가이우스 플리니우스 세쿤두스(Gaius Plinius Secundus)라는 당시의 박물학자가 쓴 『박물지(Naturalis Historia)』에도 '피체노의 빵(panis picentinus)'이라는 이름으로 등장했다. 곡물이 들어가는 것은 약간 다르지만 프루스틴고와 상당히 유사했던 듯하다. 돼지 피 대신 코코아파우더나 에스프레소로 검은빛을 내거나 지금도 아스콜리피체노에 후추, 시나몬 등의 향신료를 사용한 레시피가 있다는 점에서 꽤 현실성 있는 설이다.

지금은 잘 알려지지 않은 프루스틴고이지만, 기원전부터 이어진 오랜 역사를 지닌 과자인 것이다.

*프리스틴고 = fristingo, 프로스텐고 = frostengo, 피스틴고 = pistingo, 보스트렌고 = bostrengo

프루스틴고(지름 12㎝의 원형 틀 / 1개분)

재료

건무화과……100 g
건포도……50 g
그래뉴당……50 g
기호에 맞는 과일 당절임(굵게 다진다)……20 g
껍질을 벗긴 아몬드(굵게 다진다)……20 g
호두(굵게 다진다)……20 g
박력분……35 g
에스프레소……15㎖
럼주……10㎖
오렌지 제스트……1/8개분
코코아파우더……10 g
후추, 시나몬……각 적당량
올리브유……적당량
껍질을 벗긴 아몬드, 과일 당절임(장식용)……각 적당량

레시피

1 건포도는 미온수에 불려 물기를 짠다. 건무화과는 5㎜ 정도로 길쭉하게 썰어 끓는 물에 5분간 데친 후 물기를 빼고 볼에 담는다. 무화과가 뜨거울 때 건포도를 넣는다.
2 1에 올리브유와 장식용 이외의 모든 재료를 넣고 전체가 잘 어우러지도록 주걱으로 섞는다.
3 올리브유를 바른 틀에 붓고 표면을 고르게 정리한 후 붓으로 올리브유를 바른다. 아몬드나 과일 당절임을 올려 장식한다.
4 200℃로 예열한 오븐에서 약 30분, 가장자리에 구움색이 나도록 굽는다.

※사진 왼쪽은 거칠게 갈아낸 옥수수가루, 오른쪽은 곱게 간 옥수수가루를 사용했다.

베쿠테

BECCUTE

옥수수가루 비스코티

◆ ◆ ◆ ◆ ◆ ◆ ◆ ◆ ◆ ◆ ◆ ◆ ◆ ◆ ◆ ◆ ◆ ◆ ◆

● 카테고리: 비스코티
● 상황: 가정, 과자점
● 구성: 옥수수가루 + 설탕 + 건포도 + 견과류

과거에는 폴렌타(옥수수가루를 끓인 죽과 같은 요리)를 만든 후 남은 가루로 만들었던 과자였다. 마르케 내륙 지역에 전해지는 과자로, 이 고장 출신의 시인 자코모 레오파르디가 좋아했던 데서 베쿠테 디 레오파르디(beccute di leopardi)라는 이름으로도 불린다. 거칠게 갈아낸 옥수수가루를 사용하면 바삭하고 무른 식감이, 곱게 간 옥수수가루를 사용하면 쫀득한 식감의 완전히 다른 비스코티로 구워지는 것도 흥미롭다.

베쿠테(약 30개분)

재료

건포도……25 g
건무화과……25 g
옥수수가루……125 g
그래뉴당……15 g
잣……25 g
호두(굵게 다진다)……25 g
껍질 벗긴 아몬드(굵게 다진다)……25 g
올리브유……15㎖
소금, 후추……각 소량
뜨거운 물……100㎖

레시피

1 건포도와 건무화과는 미온수에 불려 물기를 짠다. 무화과는 굵게 다진다.
2 볼에 뜨거운 물 이외의 모든 재료를 넣고 분량의 뜨거운 물을 조금씩 넣으며 부드럽게 될 때까지 손으로 치댄다.
3 지름 3㎝ 정도의 공 모양으로 약 30개 만든 후 유산지를 깐 트레이에 올린다. 손바닥으로 눌러 납작한 원형으로 성형한다.
4 160℃로 예열한 오븐에서 약 15분, 옅은 갈색빛이 나도록 굽는다.

칼초니
CALCIONI

달콤 짭짤한 맛의 부활절 라비올리

◆ ◆ ◆ ◆ ◆ ◆ ◆ ◆ ◆ ◆ ◆ ◆ ◆ ◆ ◆ ◆ ◆ ◆ ◆

- 카테고리: 비스코티
- 상황: 가정, 과자점, 축하용 과자
- 구성: 박력분 베이스의 반죽 + 치즈 베이스의 필링

칼초니 또는 피코니(piconi)라고도 불린다. 칼초니의 어원은 치즈를 뜻하는 라틴어 카제움(caseum) 혹은 칼슘을 나타내는 칼치움(calcium)에서 왔다고 한다. 중요한 것은 치즈가 들어간다는 것이다. 달콤 짭짤한 페코리노 치즈(양젖으로 만든 치즈)를 사용하기 때문에 술안주로도 좋으며, 리코타를 함께 넣기도 한다. 5월 하순~6월 상순에 걸쳐 마르케 주 트레이아에서는 50년 넘은 역사를 지닌 칼초니 축제가 개최된다.

칼초니(8개분)

재료

반죽
- 박력분……100 g
- 올리브유……5mℓ
- 그래뉴당……12 g
- 녹인 버터……12 g
- 달걀(전란)……1개
- 달걀노른자……1개분

필링
- 달걀흰자……1개분
- 달걀(전란)……1/2개
- 그래뉴당……50 g
- 갈은 페코리노 치즈……125 g
- 레몬 제스트……1/4개분

레시피

1 반죽을 만든다. 볼에 모든 재료를 넣고 치대 부드럽게 되면 냉장고에 넣어 1시간 휴지시킨다.
2 필링을 만든다. 달걀흰자를 거품기로 섞어 들었을 때 흘러내릴 정도로 거품을 내고 다른 재료를 넣고 함께 섞는다.
3 1을 밀대로 얇게 펴서 지름 10㎝ 정도의 원형 틀로 8장 찍어낸다. 2를 8등분해 반죽 중앙에 올린다. 반으로 접은 후 가장자리를 포크 끝으로 눌러 봉합하고 표면에 십자 모양으로 가위집을 넣는다.
4 유산지를 깐 트레이에 올려 180℃로 예열한 오븐에서 약 20분간 굽는다.

카발루치
CAVALLUCCI

코코아 풍미의 붉은색 비스코티

● 카테고리: 비스코티 ● 상황: 가정, 과자점, 축하용 과자
● 구성: 박력분 베이스의 반죽 + 견과류 베이스의 필링

내가 이탈리아에 와서 제일 처음 살았던 곳은 마르케 주의 예지라는 마을이었다. 주도 안코나에서 전철로 20분, 성벽에 둘러싸인 아름다운 구시가가 펼쳐진 작은 성채 도시이다. 이곳의 과자점에는 늘 이 붉은색 비스코티, 카발루치가 있었다. 실제로는 훨씬 진한 붉은색의 이 과자를 신기하게 보고 있었더니 주인이 '예지에서 탄생한 과자!'라며 자랑스럽게 말해주던 일이 떠오른다. 당시 나는 예지에서 이탈리아 전역의 향토 요리를 배울 수 있는 요리 학교에 다녔다. 학교에서 마르케 주의 요리를 배우면서 당연히 카발루치를 만드는 것도 배웠다.

'카발루치는 농민이 만들었던 과자이다. 재료만 봐도 알겠지? 호두, 아몬드, 빵가루. 다 집에 있는 재료로 만든다. 그래도 과거엔 과자가 일품요리였으니까!'

셰프는 마르케에 대한 애향심을 가득 담아 이렇게 말했었다.

카발루치는 11월 11일 산 마르티노의 날부터 겨울동안 만들었다고 한다. 이탈리아에서는 11월 11일을 '와인이 완성되는 날'이라고 부른다. 이 날을 축하하며 와인과 함께 먹는 것이 바로 카발루치이다. 와인과 비스코티로 가을의 긴 밤을 즐기는 이탈리아인다운 방법이다.

카발루치(24개분)

재료

반죽
- 박력분……150g
- 그래뉴당……50g
- 화이트 와인……35㎖
- 올리브유……30㎖
- 시나몬파우더……소량

A
- 호두……20g
- 껍질을 벗긴 아몬드……10g
- 오렌지 당절임……15g
- 그래뉴당……30g
- 코코아파우더……1작은술

B
- 에스프레소……20㎖
- 마르살라 와인……20㎖
- 화이트 와인……20㎖
- 사파(sapa, 포도 시럽)……20㎖

빵가루……30g
오렌지 제스트……1/4개분
알케르메스, 그래뉴당(마무리용)……각 적당량

레시피

1 반죽을 만든다. 볼에 모든 재료를 넣고 치대 부드러워지면 냉장고에 넣고 1시간 휴지시킨다.
2 푸드 프로세서에 A를 넣고 곱게 갈아 냄비에 담는다. B의 재료를 넣고 약불에 올린다. 끓기 시작하면 빵가루를 넣고 수분이 날아가면 오렌지 제스트를 넣고 체에 걸러 식힌다.
3 덧가루를 뿌린 작업대에 1을 올리고 밀대로 펴서 8×6㎝의 반죽을 24장 만든다. 반죽 1장에 2를 한 스푼 정도 떠서 올린 후 앞에서부터 말아 양끝을 손으로 눌러 붙이고 이음새를 포크 끝으로 누른다.
4 180℃로 예열한 오븐에서 약 15분, 옅은 갈색빛이 날 때까지 굽는다. 다 구워지면 표면에 알케르메스를 바르고 그래뉴당을 뿌린다.

참벨리네 알 비노 비앙코

CIAMBELLINE AL VINO BIANCO

화이트 와인의 풍미가 특징인 바삭한 쿠키

●카테고리: 비스코티 ●상황: 가정, 과자점
●구성: 박력분 + 올리브유 + 화이트 와인 + 설탕

로마 남동부에 있는 카스텔리 로마니가 유명하며 '우브리아켈레(ubriachelle, 주정뱅이의)'라고 불리는 것처럼 식후에 와인과 함께 먹는 과자이다. 카스텔리 로마니는 알바니의 구릉지대에 있는 14개 도시를 총칭한 명칭이다. 그 중 프라스카티라는 화이트 와인의 명산지가 있었기 때문에 이 지방에서 주로 만들어진 것이 아닐까. 라치오 주(주도는 로마)로 분류했지만 실제로는 아브루초와 움브리아 등의 향토 과자이기도 하다.

재료가 무척 간단해서, 집에 있는 재료로 간단히 만들 수 있는 대표적인 가정 과자이다. 버터나 달걀을 넣지 않고 와인으로만 반죽하기 때문에 바삭하고 무른 식감과 가벼운 맛이 특징이다. 로마 거리의 과자점에서는 헤이즐넛이나 아니스 씨를 넣은 종류도 볼 수 있다.

이 책에 실린 레시피는 시칠리아 섬 트라파니에 사는 카롤리나로부터 배웠다. 토스카나 출신인 그녀의 어머니가 로마의 지인으로부터 배운 레시피라고 했다. 분량은 전부 컵을 사용해 계량했다. '동량의 와인, 그래뉴당, 올리브유를 넣고 밀가루를 3배 정도 넣은 다음……나머지는 손의 감각으로 만들면 된다'는 설명에 따라 재료를 컵에 담아 하나씩 넣는 것이다.

보통 과자라고 하면 레시피대로 만들어야 한다고 생각하지만 이탈리아의 많은 과자들이 눈대중이나 손의 감각에 의지하는 경우가 많다. 그렇게 만든 과자가 굉장히 맛있어서 놀랄 때도 많다. 과자 만들기도 요리처럼 감각에 의지해 만드는 것이 이탈리아답다는 생각이 들었다.

손님 초대가 많은 이탈리아의 가정에는 집에서 간단히 만들 수 있는 과자 레시피가 빠지지 않는다. 손님이 오면 직접 만든 과자와 커피를 대접하고 담소를 나누는 것이 이탈리아식 손님치레 방식인 것이다.

참벨리네 알 비노 비앙코(약 30개분)

재료

박력분……150g
그래뉴당……40g
베이킹파우더……5g
화이트 와인……50㎖
올리브유……50㎖
소금……한 자밤

레시피

1 볼에 박력분, 베이킹파우더, 그래뉴당을 넣고 가볍게 섞은 후 중앙을 움푹하게 만든다. 화이트 와인, 올리브유, 소금을 넣고 치대 부드러워지면 랩을 씌워 냉장고에서 30분간 휴지시킨다.
2 반죽 일부를 떼어 굵기 1㎝, 길이 10㎝의 막대 모양으로 늘인다. 양끝을 이어 고리 모양으로 만들고 이음새는 손끝으로 살짝 누른다.
3 그릇에 그래뉴당(분량 외)을 담아 2의 한쪽 면에 묻힌다. 유산지를 깐 트레이에 올린 후 180℃로 예열한 오븐에서 약 15분간 굽는다.

마리토초
MARITOZZO

생크림 듬뿍 든 로마의 아침 식사

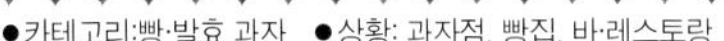

●카테고리:빵·발효 과자 ●상황: 과자점, 빵집, 바·레스토랑
●구성: 발효 반죽 + 휘핑크림

원형 또는 타원형의 부드러운 빵에 휘핑크림을 듬뿍 넣은 마리토초는 로마의 바 진열대에 빠지지 않는 존재이다.

그 기원은 고대 로마 제국 시대로 거슬러 올라간다고 한다. 당시는 밀가루, 달걀, 올리브유, 소금 그리고 건포도와 꿀로 만든 커다란 빵으로, 날마다 밖에서 일하는 남편을 위한 영양 가득한 식사로 만들던 것이었다. 시대가 흘러 중세가 되면 반죽에 잣이나 과일 당절임이 추가되고 크기도 작아지면서 빵집 진열대에 놓이게 되었다. 카니발 이후의 절식 기간인 사순절(과자를 먹는 것이 금지되었다)에 달콤한 빵을 몰래 먹기 위해 만들었기 때문에 당시에는 이 빵을 콰레지마레(Quaresimale, 사순절의)라고 불렀다고 한다. 현대에는 한 남성이 약혼녀에게 반지를 선물할 때 이 과자에 숨겨서 건넸다는 일화에서 남편을 의미하는 이탈리아어 '마리토(marito)'가 변해 마리토초(maritozzo)가 되었다고 한다.

이탈리아의 바는 온종일 붐비는데 특히, 아침식사 때 가장 많은 사람이 몰린다. 달콤한 빵과 함께 에스프레소나 카푸치노를 마시며 담소를 겸한 정보 교환으로 하루를 시작한다. 로마인의 아침식사에 빠지지 않는 마리토초의 기원이 고대 로마 시대였던 것을 생각하면 새삼 이탈리아 오랜 역사의 깊이를 깨닫게 된다.

◆ ◆

마리토초(8개분)

재료

A
- 박력분……50g
- 그래뉴당……5g
- 미온수……50㎖
- 맥주 효모……5g

B
- 마니토바 밀가루……200g
- 우유……35㎖
- 그래뉴당……50g
- 버터(실온 상태의 부드러운 버터)……40g
- 달걀노른자……1개분
- 오렌지 제스트……1/2개분

달걀노른자……1개분
우유……10㎖
생크림……200㎖
그래뉴당……30g
분당(마무리용)……적당량

레시피

1. A를 준비한다. 작은 볼에 맥주 효모와 분량의 미온수를 넣고 효모를 녹인 후 박력분, 그래뉴당을 넣고 스푼으로 섞는다. 따뜻한 장소에서 약 1시간, 2배 크기로 부풀 때까지 발효시킨다.
2. 다른 볼에 B의 마니토바 밀가루, 그래뉴당, 달걀노른자를 넣고 손으로 섞은 후 작게 자른 실온 버터와 오렌지 껍질을 넣는다. 손으로 가루와 비비듯이 섞고 1과 우유를 넣어 부드러워질 때까지 반죽한다. 한 덩어리로 뭉쳐 랩을 씌운 후 따뜻한 장소에서 약 4시간 발효시킨다.
3. 2를 8등분해 6×4㎝의 타원형으로 성형하고 유산지를 깐 트레이에 올린다. 젖은 면포를 덮고 40~50분간 발효시킨다.
4. 달걀노른자를 우유에 풀어 3에 바르고 180℃로 예열한 오븐에서 10~15분간 굽는다.
5. 생크림에 그래뉴당을 넣고 거품기로 섞어 휘핑크림을 만든다. 4가 식으면 반으로 가르고 짤주머니에 넣은 휘핑크림을 듬뿍 채운 후 분당을 뿌린다.

◆ ARTICOLO 4

이탈리아 남북의 비스코티 비교

작고 소박한 과자를 통해 보는 이탈리아. 같은 나라 안에서도 역사와 풍토에 따라 큰 차이가 있다.

이탈리아를 대표하는 구움 과자 비스코티. '2번 구웠다'는 뜻으로, 엄밀히 말하면 토스카나의 향토 과자로 유명한 칸투치(→P111)와 같은 것을 가리키는 말이지만 최근의 이탈리아에서는 쿠키와 같이 작은 구움 과자를 모두 비스코티라고 부른다. 원래 보존용으로 만들었던 과자라 굉장히 단단한 것이 많으며, 주로 달콤한 와인이나 커피에 적셔 먹는다. 아침식사, 간식, 식후의 디저트로도 먹는, 이탈리아인의 일상생활에 빠지지 않는 과자이다.

비스코티의 역사는 고대 로마 시대까지 거슬러 올라간다는 기록이 남아 있는데 지금처럼 단단하게 구운 빵과 같은 것이었지만 2번 구웠는지는 확실치 않다. 중세 성기, 십자군 시대가 되면 바이콜리(→P67)처럼 긴 원정에 가져가기 위해 2번 구운 것이 지금의 비스코티의 기원인 듯하다.

비스코티는 크게 5가지로 나눌 수 있다(이하 A~E로, 이 책에서 소개하는 과자를 분류했다). A는 비스코티 세키(biscotti secchi)라고 부르는, 완전히 건조시킨 단단한 비스코티. B는 버터나 달걀이 많이 들어간 부드럽고 진한 비스코티. C는 바삭하고 가벼운 식감의 비스코티. D는 되직한 반죽에 필링을 채워 구운 비스코티. E는 남부 지방 및 섬 지역에 많은 아몬드 베이스의 부드러운 비스코티이다.

이 책에도 다양한 비스코티가 등장하지만, 이탈리아 전역에는 아마 셀 수 없을 만큼 많은 비스코티가 있을 것이다. 남북으로 길게 뻗어 있고 바다와 산이 많은 이탈리아는 지역에 따라 기후 조건이 다르기 때문에 과자에 사용하는 식재료도 다르다. 또 작은 공화국의 집합체이기 때문에 저마다 걸어온 역사도 다르다. 그렇기 때문에 다종다양한 비스코티가 탄생한 것이다. 그 하나하나에 담긴 탄생의 비화도 무척 흥미로운 것이 많다.

북부

중세에 번영을 누린 사보이아가에서 유래된 진한 풍미의 비스코티가 여전히 존재한다(사보이아르디/B→P22). 북부에 비스코티가 많은 것은 자바이오네(P22), 보네(→P24) 등과 같이 왕가에서 스푼 과자에 곁들이는 일이 많았기 때문이라고 한다. 한편 산악지대의 비스코티는 헤이즐넛이나 옥수수가루를 사용한 소박한 맛의 비스코티 세키가 많은 것이 특징이다. 비스코티를 통해 당시 상류 계급과 농민의 식생활의 차이를 확인할 수 있다.

(왼쪽 상단부터 우측으로) 옥수수가루로 만든 비스코티 디 메리가(A). / 귀부인의 키스라는 의미의 바치 디 다마(B→P18)에는 초콜릿이 발려져 있다. / 헤이즐넛의 고소한 풍미가 특징인 테골레(B→P28).

중부

비스코티의 대명사인 칸투치가 있는 중부. 아몬드 생산지인 남부 지방과 가까워서인지 아몬드가 주로 사용되고, 중부 지방에서 수확한 호두나 건과일 필링을 채운 것도 늘었다. 북부에 비해 풍부한 자연 환경의 축복을 받았다는 것을 느낄 수 있다. 중부는 화이트 와인의 산지이기 때문에 화이트 와인을 넣은 종류도 많은데 대표적으로 참벨리네 알 비노 비앙코(C→P134)가 있다. 올리브유의 생산도 활발해, 올리브유를 유지로 사용한 과자도 자주 볼 수 있다.

(왼쪽 상단부터 우측으로) 2번 구워 단단한 식감의 칸투치(A). / 견과류와 빵가루 필링이 들어간 카발루치(D→P132). / 화이트 와인의 향긋한 풍미와 바삭한 식감이 특징인 참벨리네 알 비노 비앙고.

남부 및 섬 지역

견과류, 건과일, 감귤류의 껍질을 풍부하게 사용한 비스코티가 많은 남부 및 섬 지역은 온난한 기후 덕분에 과자에도 풍부한 식재료가 사용되었다는 것을 알 수 있다. 섬 지역에서는 아랍인이 가져온 아몬드나 깨 그리고 신대륙 발견 이후 스페인에서 전해진 초콜릿을 사용한 비스코티가 등장해 역사의 흐름을 느껴볼 수 있다. 라드를 사용한 바삭바삭하고 가벼운 식감의 과자가 많은 것은 더운 기후와도 관련이 있을 것이다.

(왼쪽 상단부터 우측으로) 건포도를 듬뿍 넣은 파파시노스(C→P212). / 소고기와 초콜릿 필링이 들어간 음파나티기(D→P180). / 비스코티 디 만돌레(E→P183) 반죽에는 밀가루가 들어가지 않아 촉촉하고 부드럽다.

SUD
남부

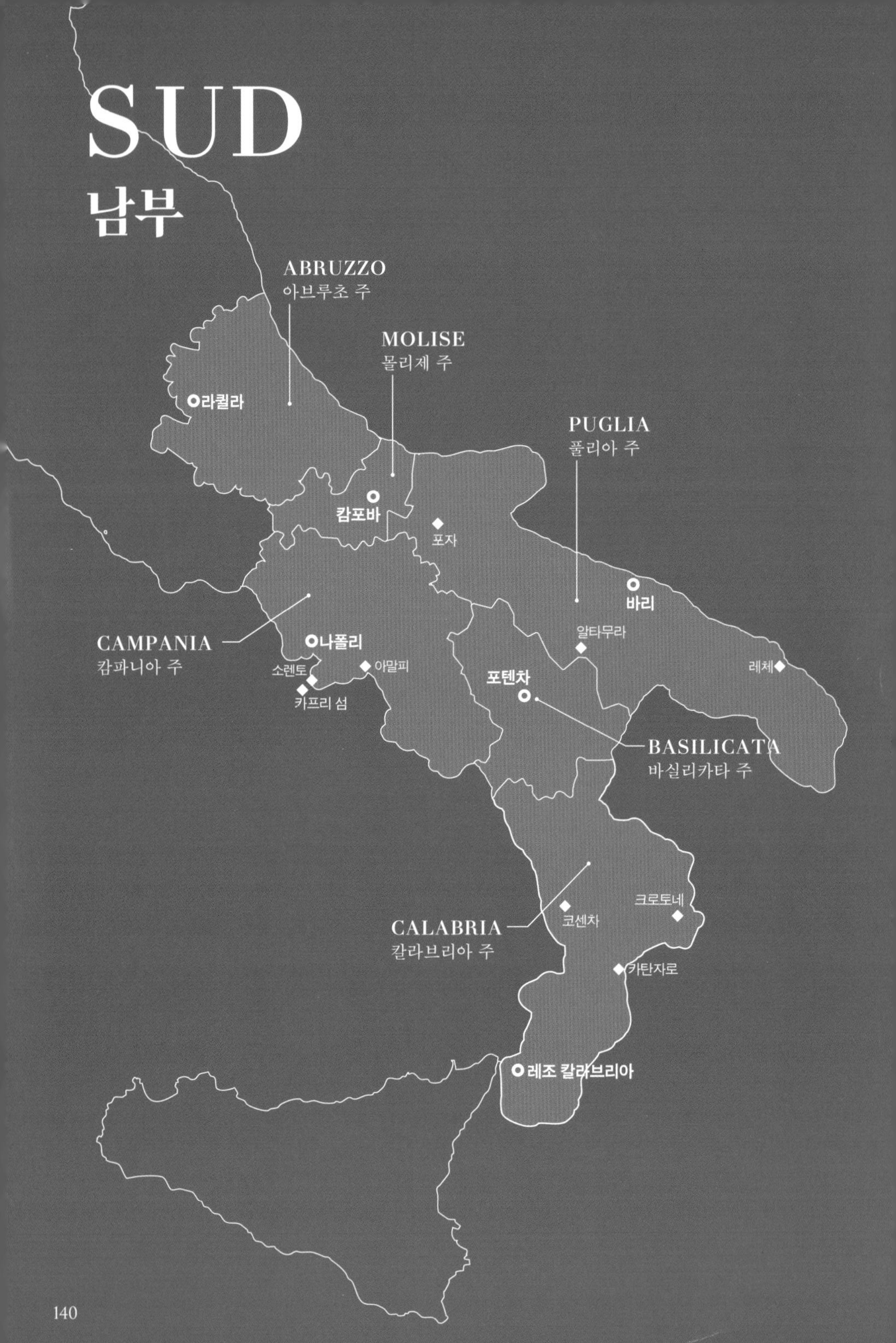

ABRUZZO
아브루초 주

MOLISE
몰리제 주

PUGLIA
풀리아 주

라퀼라

캄포바

포자

바리

CAMPANIA
캄파니아 주

나폴리

소렌토

아말피

카프리 섬

알타무라

레체

포텐차

BASILICATA
바실리카타 주

CALABRIA
칼라브리아 주

크로토네

코센차

카탄자로

레조 칼라브리아

온난하고 건조한 지역 특유의 올리브유 등을 사용한 깔끔한 과자

눈부시게 빛나는 태양과 일 년 내내 따뜻한 기후의 남이탈리아. 평야에는 올리브 밭이 펼쳐지고 아몬드 등의 견과류가 열리며 연안부에는 감귤류가 주렁주렁 열린다. 가지가 휠 정도로 열린다. 흔히 이탈리아를 떠올릴 때 그려지는 모습이 이 지역일지 모른다.

건조한 기후 때문에 경질 소맥 재배가 적합하고 과자에도 세몰리나 밀가루를 주로 사용한다. 유지는 버터보다는 올리브유나 라드를 사용해 유제품의 농후한 맛을 즐기기보다는 밀가루 본연의 맛을 즐기는 깔끔한 식감의 과자가 많은 것도 온난한 기후 덕분일 것이다.

유구한 역사를 지닌 나폴리는 피에몬테의 토리노나 시칠리아의 팔레르모와 함께 과자 문화가 특히 발전한 도시로, 수도원에서 탄생한 과자를 비롯해 외국에서 유래된 과자나 현대에 탄생한 창작 과자까지 다양한 유형의 과자가 있다. 그에 비해 그 밖의 주에는 밀가루, 유지, 견과류, 건과일이 베이스가 된 소박한 농민의 과자가 많다.

남이탈리아에는 이 책에서 소개하는 4개 주 외에도 몰리제와 바실리카타가 있다. 캄파니아와 풀리아 사이에 있는 이 2개 주의 과자는 모두 이웃한 다른 주의 영향을 받아 유사한 과자들이 많고 독자성을 찾을 수 없어 이 책에서는 다루지 않았다. 하지만 현지에는 지역 주민들의 사랑을 받는 소박한 과자들이 많다.

미리아초 돌체
MIGLIACCIO DOLCE

농민 발상의 카니발 케이크

●카테고리: 타르트·케이크 ●상황: 가정, 과자점, 축하용 과자
●구성: 세몰리노 + 우유 + 버터 + 달걀 + 리코타 + 설탕

나폴리 근교 도시에서 주로 만들었기 때문에, 미리아초 나폴레타노라고도 불린다. 카니발 기간의 마지막 날인 마르테디 그라소(martedi grasso)에 만드는 케이크로, 이 케이크를 먹은 다음 날부터 사순절의 절식 기간이 시작된다(→P98).

미리아초라는 이름은 조 또는 피를 뜻하는 '미리오(miglio)'에서 유래했다. 조나 피는 일찍이 캄파니아 주에서 주로 재배되어 농민들의 식탁에 올랐던 식재료 중 하나였다. 기원전 라틴어로 '미리아치움(migliaccium)'이라고 불린 조나 피를 사용한 빵이 이 과자의 원형으로 전해진다. 중세 시대에는 이미 디저트로 자리 잡았지만, 그 발상은 농민의 요리로 당시의 레시피에는 과거 영양이 풍부한 완전식품으로 여겼던 돼지 피가 들어갔다고 한다. 1700년대가 되면 돼지 피 대신 시나몬이나 설탕을 넣게 되었다.

현재는 우유, 리코타, 버터 등의 유제품이 듬뿍 들어가기 때문에 돼지 피를 넣지 않아도 영양가가 높은 과자이다. 또 지금은 조나 피 대신 경질 소맥에서 얻은 입자가 거친 세몰리노를 사용하는데, 우유에 끓인 세몰리노 외에 다른 밀가루가 들어가지 않기 때문에 밀도 높은 반죽이 된다. 수분이 많고 촉촉해서 케이크라기보다는 약간 푸딩에 가까운 식감이 난다.

이 책의 레시피에는 일본에서도 구할 수 있는 세몰리나 밀가루를 사용했으나 원래는 입자가 거친 세몰리노를 사용한다.

미리아초 돌체(지름 16cm의 원형 틀 / 1개분)

재료

세몰리나 밀가루……50 g
A
- 우유……125㎖
- 물……125㎖
- 버터……20 g
- 오렌지 껍질……1/4개분
- 소금……한 자밤

리코타……90 g
달걀(전란)……1개
그래뉴당……65 g
바닐라파우더……소량
분당(마무리용)……적당량

레시피

1 냄비에 A를 넣고 중불에 올려 젓다가 끓기 시작하면 오렌지 껍질을 건져낸 후 세몰리나 밀가루를 넣는다. 약불로 줄이고 계속 저으며 4~5분간 끓여 수분이 날아가면 트레이로 옮겨 식힌다.
2 볼에 달걀과 그래뉴당을 넣고 거품기로 되직하게 될 때까지 섞다가 바닐라파우더, 체에 거른 리코타를 넣고 함께 섞는다. 1을 조금씩 넣으며 핸드 믹서로 응어리가 완전히 풀어질 때까지 섞는다.
3 유산지를 깐 틀에 2를 부어 평평하게 만든다. 180℃로 예열한 오븐에서 약 1시간 구워낸 후, 식으면 분당을 뿌린다.

토르타 카프레제

TORTA CAPRESE

마피아의 사랑을 받은 진한 초콜릿 케이크

●카테고리: 타르트·케이크 ●상황: 가정, 과자점, 바·레스토랑
●구성: 아몬드 + 초콜릿 + 버터 + 달걀 + 오렌지

수려한 자연 경관을 자랑하는 아말피 해안의 작은 섬, 카프리의 전통 과자. 카프리 섬은 유명인들의 휴양지로도 유명하며, 특히 여름이 되면 아름다운 바다와 풍경을 즐기기 위해 세계 각국의 관광객들이 방문한다.

이 케이크는 어떤 우연으로부터 탄생한 것이라고 한다. 카르미네 디 피오레라는 요리사가 유명한 마피아 알 카포네의 지시로 당시 유행하던 스패츠(spats, 각반)를 사러 왔던 미국의 마피아를 위한 케이크를 만들게 되었다. 디 피오레는 아몬드를 넣은 초콜릿 케이크를 만들었는데 그만 밀가루를 깜빡 잊고 넣지 않은 것이었다. 그런데 밀가루를 넣지 않은 초콜릿 케이크가 '굉장히 촉촉하고 맛있다!'며 미국 마피아의 칭찬을 받은 것이다. 그때부터 이 케이크가 '카프리식'으로 불리며 계속 만들어졌다는 것이다. 1920년대의 이야기이다. 알 카포네까지 등장하는 이 일화의 진위는 확실치 않지만 발명이란 늘 우연에서 탄생하는 법이다.

지금은 카프리뿐 아니라 아말피 해안을 중심으로 한 캄파니아 주 전역에서 만들어지는 카프레제. 아몬드와 초콜릿의 촉촉한 식감과 겉부분의 바삭한 식감과의 대비가 훌륭하다. 향긋한 오렌지의 풍미도 따뜻한 남이탈리아의 풍경을 연상시킨다. 밀가루가 들어가지 않기 때문에 글루텐 알레르기가 있는 사람들에게도 주목받고 있다.

이런 일화를 가진 과자를 미국인들이 그냥 둘리 없다. 이 케이크는 미국으로 건너간 이탈리아인들 사이에서도 화제가 되어 지금은 일본의 이탈리아 레스토랑에서도 만나볼 수 있는 대표적인 디저트로 자리 잡았다.

토르타 카프레제(지름 18cm의 원형 틀 / 1개분)

재료

아몬드파우더……125 g
비터 초콜릿(잘게 다진다)……85 g
버터(실온 상태의 부드러운 버터)……85 g
달걀노른자……2개분
달걀흰자……2개분
그래뉴당……85 g
오렌지 제스트……1/2개분
분당(마무리용)……적당량

레시피

1 볼에 잘게 다진 초콜릿과 실온 상태의 버터를 넣고 중탕해 녹인다.
2 다른 볼에 달걀노른자와 그래뉴당 70 g을 넣고 거품기로 저어 희고 되직한 거품을 만들고 오렌지 제스트, 1을 넣고 함께 섞는다. 아몬드파우더를 넣고 주걱으로 잘 섞는다.
3 다른 볼에 달걀흰자를 넣고 나머지 그래뉴당을 2번에 나눠 넣으며 거품기로 끝이 살짝 휘어질 정도로 거품을 낸다.
4 2에 3을 두 번에 나눠 넣으며 거품이 꺼지지 않도록 주걱으로 대강 섞는다.
5 유산지를 깐 틀에 4를 붓고 180℃로 예열한 오븐에서 30~35분간 굽는다. 식으면 분당을 뿌려 완성한다.

스폴리아텔라
SFOGLIATELLA

아말피 해안의 수도원에서 만들어진 파이 과자

●카테고리: 구움 과자 ●상황: 과자점
●구성: 마니토바 밀가루 베이스의 반죽 + 빵가루 + 리코타 베이스의 필링 + 과일 당절임

나폴리(캄파니아의 주도) 거리를 걷다 보면, 곳곳에서 조개껍데기 모양의 파이 과자를 볼 수 있다. 빵가루 특유의 바삭한 식감과 안에 든 크림에서 배어 나오는 달콤한 향기로 나폴리인들을 매료시킨 과자이다.

재료를 보면 간단히 만들 수 있을 것 같지만, 생각보다 쉽지 않다. 반죽을 최대한 얇고, 길게 늘여 빵가루를 듬뿍 뿌리고 돌돌 만다. 얼마나 얇고, 길게 늘이는지에 따라 표면의 층이 달라진다.

지금은 나폴리의 과자로 유명하지만 원래는 1600년대 아말피 해안의 산타 로사 수도원에서 만들어진 과자라고 한다. 1800년대가 되면 유일하게 오리지널 레시피를 가지고 있던 아말피의 과자 장인이 나폴리에서 이 과자를 만들어 폭발적인 인기를 얻었다고 한다. 스폴리아텔라는 2가지 종류가 있다. 앞서 말한 수도원에서 만들어진 겹겹이 층을 이룬 파이의 원형을 리차(riccia)라고 부르는 한편, 부드러운 타르트 반죽에 크림을 넣은 것은 프롤라(frolla)라고 부른다.

스폴리아텔라(12개분)

재료

반죽
- 마니토바 밀가루……200 g
- 꿀……16 g
- 물……75㎖
- 소금……한 자밤
- 빵가루……100 g

필링
- 세몰리나 밀가루……60 g
- 소금……1 g
- 물……190㎖
- A
  - 리코타……60 g
  - 달걀(전란)……1/2개
  - 분당……50 g
  - 오렌지 당절임(잘게 다진다)……20 g
  - 레몬 당절임(잘게 다진다)……20 g
  - 시나몬파우더……소량
  - 바닐라파우더……소량

분당(마무리용)……적당량

레시피

1 반죽을 만든다. 볼에 마니토바 밀가루를 넣고 중앙을 움푹하게 만들어 분량의 물, 꿀, 소금을 넣고 반죽한 후 냉장고에 넣고 3시간 휴지시킨다.
2 1의 반죽을 파스타 기계를 이용해 1㎜ 두께로 얇게 늘이고 표면에는 손으로 빵가루를 듬뿍 뿌린다. 끝에서부터 돌돌 말아 랩으로 싸서 하룻밤 휴지시킨다.
3 필링을 준비한다. 냄비에 분량의 물을 넣고 끓여 세몰리나 밀가루, 소금을 넣는다. 거품기로 계속 저어가며 가열하고, 가루가 잘 섞이면 트레이에 옮겨 그대로 식힌다.
4 A를 넣고, 응어리가 없어질 때까지 섞는다.
5 성형한다. 2를 1㎝ 너비로 잘라 12장 만든다. 양손에 빵가루를 살짝 바른 후 반죽 1장을 양손으로 잡고 엄지손가락으로 원의 중심에서부터 가장자리를 향해 얇게 펼치듯 돌리면서 원뿔 모양으로 만든다.
6 4의 필링을 넣고 봉합한다. 유산지를 깐 트레이에 올리고 220℃로 예열한 오븐에서 약 15분간 구워, 식으면 분당을 뿌린다.

파스티에라
PASTIERA

나폴리의 부활절을 대표하는 리코타 타르트

●카테고리: 타르트·케이크 ●상황: 가정, 과자점, 축하용 과자
●구성: 타르트 반죽 + 그라노 코토 + 우유 + 리코타 베이스의 크림 + 오렌지플라워 워터

이탈리아 전역에 다양한 부활절 과자가 있지만 나폴리의 대표적인 부활절 과자라고 하면 파스티에라가 있다. 그 기원에는 여러 설이 있지만 나폴리인들에게 가장 사랑받는 전설은 인어 파르테노페에 얽힌 이야기이다. 봄이 되면 나폴리 만에서 달콤한 노래를 들려주던 인어에게 사람들은 7가지 선물을 했다. 밀가루, 리코타, 달걀, 우유에 삶은 밀, 오렌지플라워 워터, 향신료, 설탕이었다. 인어가 이 선물을 기쁘게 받는 모습을 담아 보리로 만든 리코타 타르트를 만들었다고 한다. 물론 전설일 뿐 실제로는 나폴리의 한 수도원에서 만들었다는 설이 유력하다.

파스티에라에 사용하는 밀가루는 경질 소맥. 그 이름 그대로 꽤 단단한 편이라 삶기 전에 3일간 물에 불려야 한다. 이때 등장하는 것이 그라노 코토(grano cotto)이다. 익힌 경질 소맥을 병이나 캔에 담아 판매하는 것으로 이탈리아에서는 슈퍼마켓에서 흔히 살 수 있다. 이것만 있으면 가정에서도 손쉽게 만들 수 있지만 톡톡 씹히는 식감을 즐기고 싶다면 역시 직접 삶아서 요리하는 것이 가장 좋다. 파스티에라에 빠질 수 없는 오렌지플라워 워터는 봄의 도래라고도 하는 부활절에 걸맞은 달콤하고 향기로운 풍미를 더해준다.

파스티에라(지름 16㎝ 타르트 틀 / 1개분)

재료

기본 타르트 반죽(→P222)……150g
그라노 코토……100g
우유……125㎖
A
- 레몬 제스트……1/4개분
- 시나몬파우더……1g
- 그래뉴당……10g
- 소금……1g

리코타……100g
B
- 그래뉴당……25g
- 오렌지플라워 워터……소량
- 시트론 당절임(굵게 다진다)……15g
- 오렌지 당절임(굵게 다진다)……15g

달걀(전란)……1개

레시피

1 냄비에 우유를 넣고 끓여 그라노 코토, A를 넣고 약불에서 약 10분간 더 끓인다. 그라노 코토가 우유를 모두 흡수하면 트레이에 옮겨 식힌다.
2 볼에 체에 거른 리코타와 B를 넣고 거품기로 섞는다. 달걀을 넣고 계속 섞다 1을 넣고 주걱으로 잘 섞는다.
3 버터를 바르고 박력분을 뿌린(각 분량 외) 틀에, 밀대를 이용해 원형으로 펴낸 타르트 반죽을 깔고 2를 부어 평평하게 만든다. 나머지 타르트 반죽으로 약 1㎝ 너비의 띠를 만들어 타르트 위에 격자무늬로 얹어 장식한다.
4 180℃로 예열한 오븐에서 40~50분간 굽는다.

오렌지플라워 워터(aroma fiori d'aràncio)는 이탈리아의 일반적인 슈퍼마켓에서 구입 가능.

익힌 경질 소맥을 병에 담아 판매하는 그라노 코토. 커다란 병의 크기가 이탈리아인들이 만드는 케이크의 크기를 말해주는 듯하다.

델리차 알 리모네
DELIZIA AL LIMONE

레몬 향이 가득한 케이크

●카테고리: 생과자 ●상황: 과자점, 바·레스토랑
●구성: 스펀지케이크 반죽 + 레몬 크림 + 레몬 시럽

델리차 알 리모네는 캄파니아 주 소렌토 지방의 과자이다. 아말피나 포지타노 등 휴양지로 유명한 소렌토 반도는 레몬과 레몬과 비슷하지만 더 크고 울퉁불퉁한 시트론의 명산지이다. 차를 타고 구불구불한 해안도로를 따라 달리다 보면 '소렌토 레몬'이라고 쓰인 팻말과 함께 바구니에 담긴 레몬을 볼 수 있다. 잘 보면, 볕에 그을린 얼굴에 주름살이 가득한 농부가 작은 접이식 의자에 앉아 판매하고 있다. 과즙이 풍부하고 산도가 높으며 향이 좋은 레몬이다.

레몬과 함께 이 지방의 또 다른 명산품인 유제품을 듬뿍 사용한 이 과자는 카르미네 마줄리오라는 소렌토 조리사조합의 전 회장이 젊은 시절 만든 것이라고 한다. 그가 셰프로 일하던 호텔에서 지방의 특산품인 레몬을 사용한 이 과자를 개발해 큰 호평을 받았다고 한다. 그리고 그의 동생이 일하던 세계 각국의 미식가들이 찾는다는 레스토랑에서 이 과자를 내놓자 단숨에 큰 화제를 불러 모았다. 그 후, 아말피 해안의 과자 장인이며 셰프들이 앞다투어 델리차 알 리모네를 만들기 시작하면서 이 지역에서 일대 붐을 일으켰다. 과자점은 물론 레스토랑의 디저트로도 인기를 누리는 과자인 것이다.

겉보기에는 평범한 반구형 케이크이지만 그 구성에는 상당한 공을 들였다. 안에 든 크림은 3종류의 크림을 합친 것으로, 그 크림에 우유를 더해 코팅용 크림을 만든다. 이 작은 케이크 하나에 총 4종류의 크림이 필요하다. 스펀지케이크나 크림 어느 것을 먹든 레몬의 풍미가 느껴지도록 모든 반죽과 필링에 레몬 제스트와 리몬첼로가 들어간다.

절벽 위에 있는 아말피 해안 도시의 호텔 테라스에서는 새파랗고 아름다운 바다를 감상할 수 있다. 늦은 오후, 청명한 하늘 아래에서 델리차 알 리모네에 차갑게 식힌 화이트 와인을 곁들여 느긋하게 하루를 보내는 것이야말로 최고의 여름휴가를 즐기는 방법이 아닐까.

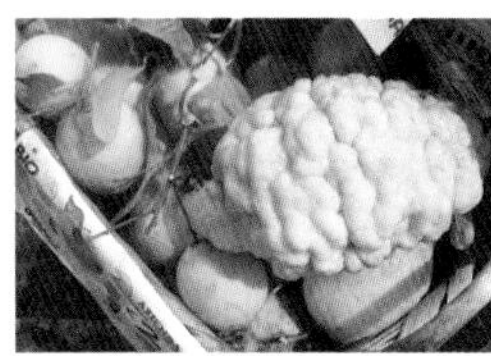

왼쪽의 레몬과 비교하면 그 크기를 가늠할 수 있다. 시트론은 흰색의 과피 부분도 먹을 수 있다.

◆◆◆◆◆

DELIZIA AL LIMONE

델리차 알 리모네(지름 7㎝의 반구형 틀 / 10개분)

재료

스펀지케이크 반죽
- 달걀(실온 상태)……200g
- 달걀노른자……20g
- 그래뉴당……120g
- 박력분……60g
- 옥수수 전분……60g
- 레몬 제스트……10g

스펀지케이크용 시럽
- 물……100㎖
- 그래뉴당……35㎖
- 리몬첼로……20㎖

*1 레몬 버터 크림
- 달걀노른자……70g
- 그래뉴당……70g
- 버터(실온 상태의 부드러운 버터)……70g
- 레몬즙……70㎖
- 레몬 제스트……1/2개분

*2 레몬 커스터드
- 우유……175㎖
- 생크림……75㎖
- 달걀노른자……90g
- 그래뉴당……75g
- 옥수수 전분……18g
- 레몬 제스트……1개분

*3 크림 필링
- 생크림……200㎖
- 그래뉴당……20g
- 리몬첼로……20㎖
- 레몬 버터 크림(*1)……전량
- 레몬 커스터드(*2)……전량

글라세용 크림
- 크림 필링(*3)……400g
- 우유(차게 식혀둔다)……200㎖

휘핑크림, 잘게 썬 레몬 껍질(장식용)
……각 적당량

레시피

스펀지케이크 반죽과 시럽을 만든다

1 P222를 참조해 스펀지케이크 반죽을 만든다. 단, 공정 1에서 달걀노른자를 넣고 공정 2에서 전분 대신 옥수수 전분, 레몬 껍질을 넣는다. 버터(분량 외)를 바른 반구형 틀에 부어 170℃로 예열한 오븐에서 25~30분간 구워 그대로 식힌다.

2 시럽을 만든다. 냄비에 분량의 물과 그래뉴당을 넣고 약불에서 잘 섞는다. 설탕이 녹으면 불에서 내리고 리몬첼로를 넣어 섞는다.

레몬 버터 크림을 만든다

3 내열 볼에 달걀노른자, 그래뉴당을 넣고 거품기로 섞는다.

4 냄비에 레몬즙을 넣고 중불에 올려 끓기 직전에 3에 넣고 거품기로 잘 섞는다. 다시 냄비로 옮겨 중불에서 80℃가 될 때까지 주걱으로 저으며 가열하다 볼에 옮겨 담는다. 그대로 40℃까지 식힌 후 실온 상태의 버터와 레몬 제스트를 넣고 핸드믹서로 섞는다. 부드러워지면 크림 표면에 랩을 밀착시켜 덮고 냉장고에 넣어 식힌다.

레몬 커스터드를 만든다

5 내열 볼에 달걀노른자와 그래뉴당을 넣고 거품기로 잘 섞고 옥수수 전분을 넣어 함께 섞는다.

6 냄비에 우유와 생크림을 넣고 약불에 올려 끓기 직전에 5에 넣고 빠르게 섞어 냄비에 옮겨 담는다. 중불에서 85℃가 될 때까지 주걱으로 저으며 가열하다 불에서 내려 레몬 제스트를 넣고 트레이에 담는다. 크림 표면에 랩을 밀착시켜 덮고 냉장고에 넣어 식힌다.

반죽에 채울 크림 필링을 완성한다

7 볼에 생크림과 그래뉴당을 넣고 핸드믹서로 끝이 살짝 휘어질 정도의 거품을 만든다.

8 다른 볼에 레몬 커스터드를 넣고 주걱으로 가볍게 저어 리몬첼로를 넣고 부드러워질 때까지 거품기로 섞는다. 레몬 버터 크림, 7을 차례로 넣고 그때마다 부드럽게 될 때까지 섞는다.

9 글라세용으로 400g을 볼에 덜어놓고 나머지를 1㎝의 깍지를 끼운 짤주머니에 넣는다.

마무리

10 1을 틀에서 꺼내 바닥면 중앙에 깍지로 구멍을 뚫어 9의 크림을 채운다.

11 전체적으로 2의 시럽을 듬뿍 바르고 냉장고에서 1시간 이상 식힌다.

12 글라세용 크림을 만든다(작업 직전에 만든다). 9에서 덜어놓은 크림에 찬 우유를 조금씩 넣으며 그때마다 거품기로 잘 섞어 부드럽게 만든다.

13 12의 크림에 11의 반구 부분이 아래로 오도록 거꾸로 넣어 반구의 아래쪽까지 글라세를 입힌 후 꺼낸다. 짤주머니에 휘핑크림을 넣고 장식한 후, 채 썬 레몬 껍질을 올려 냉장고에서 6시간 휴지시킨다.

제폴레 디 산 주세페
ZEPPOLE DI SAN GIUSEPPE

그리스도의 아버지의 날을 축하하는 튀김 슈

◆ ◆

- ●카테고리: 튀긴 과자
- ●상황: 가정, 과자점, 축하용 과자
- ●구성: 슈 반죽 + 커스터드 크림 + 아마레나 체리 당절임

그리스도의 아버지 주세페. 목수였던 그는 가족과 함께 이집트로 도망친 후 튀긴 과자를 만들어 팔아 가족을 부양했다고 한다. 그 후 이탈리아에서는 그를 '제과사의 수호성인'으로 기리며 주세페의 날에는 튀긴 과자를 먹었다고 한다.

슈 반죽을 기름에 튀겨 커스터드 크림을 듬뿍 올린 제폴레에 아마레나 체리 당절임까지 곁들인다. 최근에는 건강식 열풍을 타고 구운 슈로 만든 제폴레도 많다.

제폴레 디 산 주세페(10개분)

재료

기본 슈 반죽(→P223)……전량
기본 커스터드 크림(→P223)……전량
샐러드유(튀김용)……적당량
분당(마무리용)……적당량
아마레나 체리 당절임(장식용)……적당량

레시피

1 슈 반죽을 톱날 모양의 깍지를 끼운 짤주머니에 넣고, 10㎝ 크기의 사각형으로 자른 유산지 위에 지름 7㎝의 원형으로 짠다. 같은 방법으로 10개를 만든다.
2 200℃로 가열한 샐러드유에 1을 유산지째 넣고 노릇하게 튀겨낸다. 기름을 빼고 식으면 분당을 뿌린다.
3 짤주머니에 커스터드 크림을 넣고 짠 후, 아마레나 체리를 올려 장식한다.

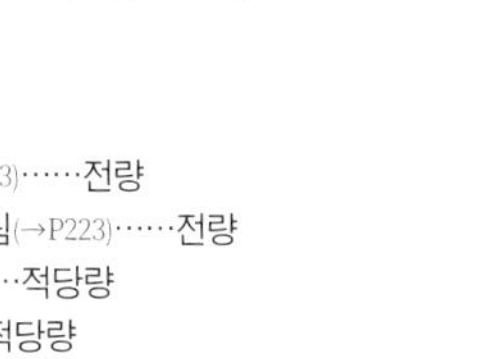

파브리 사의 아마레나 체리 당절임. 이탈리아에서는 슈퍼마켓에서 구입할 수 있으며 국내에서도 전문점 등에서 구입이 가능하다.

바바

BABÀ

폴란드에서 프랑스 그리고 나폴리의 과자로

●카테고리: 빵·발효 과자 ●상황: 과자점, 바·레스토랑
●구성: 발효 반죽+럼 시럽

바바를 나폴리에서 탄생한 과자라고 생각하는 사람도 많겠지만 실은 1700년대 초, 폴란드 왕 스타니스와프 1세가 고안했다고 한다. 어느 날, 왕은 자신이 좋아하는 마데이라 소스를 곁들인 쿠글로프(kouglof)를 먹다 '리큐어 시럽에 적셔 먹으면 더 맛있지 않을까?'라는 생각을 하게 되었다. 왕은 그 과자를 애독서였던『천일야화』속 '알리바바와 40인의 도둑'의 주인공의 이름을 따 '바바'라고 불렀다고 한다.

1738년, 바바는 왕가의 결혼을 통해 프랑스로 건너갔다. 1800년대가 되면 유럽 각지의 다양한 요리가 들어오면서 프랑스의 식문화가 발전했으며 귀족들이 고용한 명셰프들은 무슈로 불리며 귀한 대접을 받았다. 당시 그런 프랑스의 영향을 강하게 받은 나폴리에 프랑스인이 세운 요리학교가 생긴 것을 계기로 바바가 나폴리에 전해졌다. 그 후, 바바는 나폴리의 귀족 사회에서도 사랑 받는 과자가 되었다.

당시의 바바는 커다란 도넛 모양으로 구워낸 후 살구잼을 발라 광택을 내고 커스터드 크림과 생크림을 올린 후 과일로 장식해, 마르살라 풍미의 자바이오네(→P22)를 소스로 제공한 무척 호사로운 과자였다고 한다.

지금은 크기도 작고 요리법도 간소해졌지만 그 단맛은 여전하다. 나폴리의 진한 에스프레소와 함께 즐기면 좋다.

바바(지름 6×높이 6㎝의 바바 틀 / 8개분)

재료

마니토바 밀가루……200g
맥주 효모……10g
달걀(전란)……4개
그래뉴당……10g
소금……4g
버터(실온 상태의 부드러운 버터)……60g
시럽
- 물……700㎖
- 그래뉴당……280g
- 럼주……120㎖

휘핑크림(장식용)……적당량

레시피

1 볼에 마니토바 밀가루와 맥주 효모를 넣고 달걀을 1개씩 넣으며 그때마다 거품기로 잘 섞는다. 그래뉴당, 소금을 넣고 그때마다 잘 섞고, 실온 상태의 버터를 조금씩 넣으며 핸드믹서로 부드러워질 때까지 섞는다.
2 큰 볼에 옮겨 랩을 씌우고 따뜻한 장소에서 2배 정도로 부풀 때까지 발효시킨다.
3 반죽을 손으로 가볍게 눌러 가스를 빼고 8등분해 틀의 절반 정도 높이까지 채운다. 따뜻한 장소에 두고 틀 높이의 90% 정도로 부풀 때까지 발효시킨다.
4 200℃로 예열한 오븐에서 15~20분간 굽는다.
5 시럽을 만든다. 냄비에 분량의 물을 넣고 중불에 올려 그래뉴당을 넣고 녹인다. 그대로 식힌 후, 럼주를 넣고 섞는다.
6 4의 잔열이 식으면 5에 하룻밤 재워 시럽이 완전히 스며들도록 한다. 기호에 따라 휘핑크림을 얹어 장식한다.

파로초

PARROZZO

초콜릿 코팅의 아몬드 케이크

●카테고리: 구움 과자 ●상황: 과자점
●구성: 아몬드 + 전분 + 박력분 + 설탕 + 달걀 + 버터 + 초콜릿

원형은 이 지방의 농민들이 옥수수가루로 만들었던 빵으로, 옥수수가루와 질이 떨어지는 잡곡으로 만든 반죽을 장작 가마에 넣고 눌은 색이 날 때까지 구웠다. 잘라 보면, 노란 빛을 띠었기 때문에 흰 밀가루를 고급으로 치던 당시에 이 농민의 빵은 '파네 로초(pane rozzo, 조악한 빵)'라고 불리었다.

아브루초 주 페스카라의 과자 장인 루이지 다미코(Luigi D'Amico)는 이 조악한 빵을 과자로 만들 방법이 없을지 연구했다. 가슬가슬한 옥수수가루의 식감은 아몬드가루로, 거뭇하게 눌은 빛깔은 초콜릿 코팅을 입혀 표현했다. 그리고 이 과자를 뭐라고 부르면 좋을지 당시 과자점 손님이었던 시인 가브리엘레 단눈치오에게 묻자 '파네 로초를 줄인 파로초는 어떤가?'라고 제안했다고 한다. 이렇게 현대판 '조악하지 않은, 조악한 빵'이 탄생한 것이다. 1926년 다미코사가 상표 등록을 해 현재도 대형 제조사로서 파로초를 계속 만들고 있다.

막상 먹어보면 아몬드와 오렌지 향이 감도는 진한 풍미의 과자로, 그 원형이 조악한 빵이었다고는 상상할 수도 없는 맛이다. 버터케이크나 스펀지케이크와도 다른 파로초만의 독특한 식감과 풍미가 있다. 보기엔 소박하지만 굉장히 풍부한 맛이 느껴지는 과자이다. 파로초는 이탈리아에서도 별로 유명하지 않은 과자이다. 잘 알려지지 않은 향토 과자가 아직도 많다는 생각이 들자 괜스레 가슴이 설렌다.

파로초(지름 8㎝의 반구형 틀 / 3개분)

재료

A
- 껍질을 벗긴 아몬드……25 g
- 그래뉴당……15 g
- 소금……1 g
- 오렌지 제스트……1/4개분

B
- 전분……20 g
- 박력분……20 g

그래뉴당……30 g
녹인 버터……25 g
달걀노른자……3개분
달걀흰자……3개분
비터 초콜릿……100 g

레시피

1 A를 푸드 프로세서에 넣고 가루로 만든다.
2 볼에 달걀노른자와 그래뉴당을 넣고 되직해질 때까지 핸드 믹서로 섞는다.
3 다른 볼에 1, B를 넣고 주걱으로 잘 섞어 2, 녹인 버터 순으로 넣으며 그때마다 잘 섞는다.
4 끝이 살짝 휘어질 정도로 거품을 낸 달걀흰자를 3에 넣고 거품이 꺼지지 않도록 주걱으로 대강 섞는다. 버터를 바르고 박력분을 뿌린(각 분량 외) 틀에 붓고 180℃로 예열한 오븐에서 35~40분간 구워 식힌다.
5 잘게 다진 초콜릿을 중탕해 4의 표면을 코팅한다.

페라텔레
FERRATELLE

전용 틀로 만드는 이탈리아의 얇은 와플

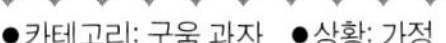

●카테고리: 구움 과자 ●상황: 가정
●구성: 박력분+달걀+올리브유+설탕

아브루초의 가정에 전해지는 간식, 페라텔레. 요리법도 매우 간단한데, 재료를 순서대로 섞어 페라텔레 전용 틀에 붓고 앞뒤로 구워내기만 하면 된다. 단순하지만 불 조절이 쉽지 않은 점이 오히려 요리의 재미를 더한다.

아브루초 출신 지인에게 물어보니 페라텔레에는 2가지 종류가 있다고 했다. 하나는 밀가루를 적게 넣은 얇고 바삭바삭한 것으로, 이 책에서 소개한 유형이다. 납작한 틀에 반죽을 붓고 틀의 윗면을 덮어 꾹 누르고 노릇하게 구워낸다. 다른 하나는 밀가루와 달걀을 듬뿍 넣은 부드러운 와플과 같은 유형으로, 조금 두꺼운 틀을 사용해 되직한 반죽을 붓고 살짝 덮어 앞뒤로 폭신하게 구워낸다.

페라텔레의 기원은 로마 제국 시대까지 거슬러 올라간다고 한다. 당시에는 '크루스투룸(crustulim)'이라고 불린, 지금의 페라텔레와 거의 같은 재료로 만든 비스코티였다고 한다. 금속제 전용 틀이 등장한 것은 700년대 이후부터로 가문의 문장을 새겨 넣은 것도 있었다고 한다.

페라텔레는 아침식사나 간식으로 그냥 먹거나 잼이나 누텔라(이탈리아인들의 사랑을 받는 대표적인 헤이즐넛 크림)를 발라 먹는다. 같은 틀을 사용해 만들어도 두께에 따라 식감이 크게 달라지는 것이 흥미롭다.

다양한 문양이 새겨진 페라텔레 전용 틀. 쓸수록 기름이 배어 사용하기 편해진다.

페라텔레(약 20장분)

재료

달걀(전란)……2개
올리브유……45㎖
그래뉴당……45 g
박력분……140 g
소금……2 g
레몬 제스트……1/4개분

※페라텔레 전용 틀

레시피

1 볼에 달걀, 올리브유, 그래뉴당을 넣고 거품기로 잘 섞은 후 박력분, 소금, 레몬 제스트를 넣고 부드러워질 때까지 섞는다.
2 가열한 틀에 올리브유(분량 외)를 바르고 중앙에서부터 반죽을 부어 윗면을 덮고 중불에서 앞뒤로 노릇하게 굽는다.

파스티초토 레체제

PASTICCIOTTO LECCESE

타르트 시트에 커스터드를 채운 레체의 명과

●카테고리: 타르트·케이크 ●상황: 가정, 과자점
●구성: 타르트 반죽+커스터드 크림

장화처럼 생긴 '이탈리아 반도의 뒤꿈치'라고 칭해지는 이탈리아의 동해안 아드리아 해에 위치한 풀리아 주. 그 남부 살렌토 지방에 숨은 명과가 있다.

정확히는 레체에서 25㎞ 남쪽으로 떨어진 갈라티나라는 도시의 과자점 아스칼로네에서 1745년에 있었던 일화이다. 점주 안드레아 아스칼로네는 당시의 심각한 경기 불황을 극복하기 위해 매일같이 방책을 모색하고 있었다. 하루는 남은 타르트 반죽과 커스터드 크림을 사용해 작은 '파스티초(pasticcio, 파이)'를 만들었다. 당시에는 작은 과자를 만드는 관습이 없고 크게 구워 잘라 먹었기 때문에 작은 과자는 상품성이 좋지 못했다. 그는 과자점 앞에 있는 교회의 신자들에게 공짜로 따뜻한 과자를 대접했다. 그 과자의 맛이 점점 입소문을 타면서 주변 도시에서도 주문이 들어오기 시작했다. 그리고 마침내 레체에까지 소문이 퍼진 것이다. 그 후, 많은 과자 장인들이 만들면서 레체의 명과로 자리 잡았다.

하지만 1500년대부터 로마에서 만들어진 과자라는 문헌도 남아 있다. 1700년경에는 풀리아 북부 포자의 문헌에도 등장한다. 로마에서 포자를 거쳐 그 원형이 된 과자가 레체에까지 전해진 것일까.

파스티초토는 라드로 만드는 바삭한 타르트 반죽에 커스터드 크림을 듬뿍 채웠다. 맛있게 만드는 비결은 단시간에, 고온으로 구워내는 것이다. 오랫동안 구우면 크림의 수분이 증발해 말라버리기 때문이다. 현재는 '프루토네(fruttone)'라고 불리는 아몬드 반죽에 코토냐타(cotognata, 모과 잼)가 들어간 것도 있다.

생과자는 아니지만, 기본적으로 당일 섭취를 권한다. 막 구운 따끈따끈한 과자를 먹는 것이 레체식 아침식사에 빠지지 않는 명과이다.

파스티초토 레체제(지름 5㎝의 타르트 틀 / 12개분)

재료

박력분……200 g
베이킹파우더……2 g
라드(또는 버터)……100 g
그래뉴당……100 g
바닐라파우더……소량
레몬 제스트……1/4개분
달걀노른자……2개분
기본 커스터드 크림(→P223)……120 g

레시피

1 볼에 박력분과 베이킹파우더를 넣고 중앙을 움푹하게 만들어 라드를 넣고 손으로 가루와 비비듯이 섞는다. 그래뉴당, 레몬 껍질, 바닐라파우더를 넣고 섞다 달걀노른자를 넣고 섞어 반죽이 한 덩어리로 뭉쳐지면 냉장고에서 1시간 휴지시킨다.
2 반죽의 절반을 밀대를 이용해 5㎜ 두께로 펴서 12등분하고 녹인 버터를 바르고 박력분을 뿌린(각 분량 외) 틀에 넣는다. 짤주머니에 넣은 커스터드 크림을 듬뿍 채우고 남은 반죽도 같은 방법으로 12등분해 크림 위에 덮는다.
3 틀 가장자리를 손으로 꾹꾹 눌러 붙이고 200℃로 예열한 오븐에서 10~15분간 굽는다.

타랄리 돌치
TARALLI DOLCI

기내식으로 익숙한 둥근 스낵 과자

●카테고리: 구움 과자 ●상황: 가정, 과자점
●구성: 박력분+달걀+올리브유+글라세

풀리아라고 하면 타랄리!를 떠올릴 만큼 지금은 이탈리아 전역의 슈퍼마켓에서도 판매되는 대표적인 스낵 과자. 일본과 이탈리아 직항 편을 잇는 알리탈리아 항공의 달지 않은 스낵으로도 자주 등장한다.

타랄리의 어원은 라틴어의 '토레레(torrère, 노릇하게 굽다)' 또는 그리스어의 '토로스(toros, 둥글다)' 등의 여러 설이 있으며 둥글고 중앙에 구멍이 뚫린 형태가 일반적이다.

과거 농민들은 장작 가마 옆에서 타랄리를 먹으며 와인을 마셨다고 한다. 그것이 손님을 대접하는 방식이자 우정의 표시였던 것이다. 풀리아가 유명하지만 지금은 남이탈리아 전역에서 만들어지며 정확한 탄생지는 알려져 있지 않다. 나폴리에서는 풀리아의 타랄리보다 크기가 더 크고, 올리브유 대신 라드를 사용하며 후추와 아몬드가 들어간다. 풀리아의 타랄리가 빵이나 그리시니에 가깝다면 나폴리의 타랄리는 비스코티에 가깝다.

풀리아의 타랄리는 반죽을 한 번 삶은 후 구워내기 때문에 표면이 매끈한 독특한 과자가 완성된다. 펜넬이나 고추 등 다양한 맛의 스낵이 있으며 돌치 역시 그 변형 중 하나이다. 반죽의 은은한 단맛을 글라세를 입혀 한층 강조했다. 글라세는 그래뉴당을 물에 녹인 후 불에서 내리고 거품기로 잘 섞어 사각사각한 식감을 낸다.

이탈리아에는 '타랄리와 와인으로 끝났다(Finire a tarallucci e vino)'라는 말이 있다. 다툼이나 분쟁이 평화롭게 해결되는 것을 의미한다. 그만큼 풀리아의 일상생활에 빠지지 않는 과자이다.

타랄리 돌치(약 32개분)

재료

박력분……160 g
달걀(전란)……1개
그래뉴당……35 g
올리브유……15㎖
베이킹파우더……2 g
바닐라파우더……소량
글라세
- 그래뉴당……125 g
- 물……25㎖
- 레몬즙……몇 방울

레시피

1 볼에 박력분을 넣고 중앙을 움푹하게 만들어 글라세를 제외한 모든 재료를 넣고 반죽해 그대로 30분간 휴지시킨다.
2 1의 반죽을 떼어 굵기 5㎜, 길이 10㎝로 길게 늘여 고리 모양으로 성형하고 면포 위에 올린다.
3 끓는 물에 조금씩 넣고 삶는다. 반죽이 떠오르면 건져서 다시 면포에 올려놓고 말린다.
4 유산지를 깐 트레이에 올려 180℃로 예열한 오븐에서 약 10분간 굽는다.
5 글라세를 준비한다. 냄비에 그래뉴당과 분량의 물을 넣고 중불에 올린다. 설탕이 녹으며 수분이 날아가면 불에서 내린다. 레몬즙을 넣고 거품기로 하얗게 될 때까지 잘 섞는다.
6 4의 한쪽 면에 5를 발라 그대로 말린다.

스카첼라 풀리에제

SCARCELLA PUGLIESE

삶은 달걀을 얹은 부활절 구움 과자

●카테고리: 구움 과자 ●상황: 가정, 과자점, 축하용 과자
●구성: 박력분 + 설탕 + 달걀 + 우유 + 올리브유 + 삶은 달걀

풀리아 전역에서 만드는 부활절 과자로, 부활절 기간의 아침식사로 먹는다.

풀리아 북부 포자에서는 고리 모양으로 구운 과자에 하얀 글라세를 입혀 작은 달걀 모양의 초콜릿을 장식한다. 스카첼라는 이 지방의 방언으로 '고리 모양'을 뜻한다. 원형이 행운을 가져온다고 하여 봄의 도래와 함께 찾아오는 부활절에 만들게 되었다고 한다. 다른 지역에서는 원형 이외에도 비둘기, 바구니, 양 등 다양한 형태로 빚은 반죽에 삶은 달걀을 얹고 컬러 스프링클을 뿌려 굽는다. 부활절의 상징인 달걀을 장식하는 것은 칼라브리아나 시칠리아에서도 자주 볼 수 있다. 흔히, 스카첼라는 '석방하다(scarcerare)'로 번역되는데 원죄로부터 해방된다는 의미도 있는 듯하다.

반죽에는 베이킹파우더가 탄생하기 전까지 팽창제로 쓰였던 암모니아카를 사용한다. 암모니아카는 풀리아뿐 아니라 남부 지방에서 특히, 과자에 바삭한 식감을 낼 때 자주 사용했기 때문에 이 지역 슈퍼마켓 등에서 손쉽게 구할 수 있다. 다만, 구울 때는 암모니아 냄새가 진동하기 때문에 주의가 필요하다. 다행히 다 구워진 후에는 냄새가 남지 않는다.

그런데 과연 과자에 얹은 삶은 달걀은 먹을까, 먹지 않을까? 정답은 당연히, 먹는다. 삶은 달걀을 다시 오븐에 굽기 때문에 약간 퍽퍽하긴 하지만 어차피 아침식사용이기 때문에 달걀도 함께 먹는다.

그렇긴 해도 정말 참신한 발상의 과자가 아닌가. 이탈리아인의 상상력에 새삼 박수를 보내고 싶다.

남부 지방에서 주로 사용하는 암모니아카는 슈퍼마켓 등에서 소량씩 포장 판매된다. 베이킹파우더와는 식감이 다르다.

스카첼라 풀리에제(지름 10㎝ / 2개분)

재료

반죽
- 박력분……250 g
- 그래뉴당……65 g
- 암모니아카(또는 베이킹파우더)……4 g
- 달걀(전란)……1개
- 레몬 제스트……1/4개분
- 우유……25㎖
- 올리브유……35㎖

삶은 달걀(껍질째, 장식용)……2개
컬러 스프링클(장식용)……적당량

레시피

1 볼에 박력분을 넣고 중앙을 움푹하게 만들어 나머지 반죽 재료를 모두 넣고 치댄다.
2 반죽을 4등분해 각각 굵기 2㎝, 길이 25㎝의 끈 모양으로 성형한다. 2개씩 꼬아 고리 모양을 만들고 이음매에 삶은 달걀을 얹어 컬러 스프링클로 장식한다.
3 180℃로 예열한 오븐에서 약 30분간 굽는다.

테테 델레 모나케

TETTE DELLE MONACHE

폭신한 스펀지케이크 시트에 커스터드가 듬뿍

◆ ◆ ◆ ◆ ◆ ◆ ◆ ◆ ◆ ◆ ◆ ◆ ◆ ◆ ◆ ◆ ◆ ◆ ◆ ◆

- 카테고리: 구움 과자
- 상황: 가정, 과자점
- 구성: 스펀지 반죽+커스터드 크림

직역하면 '수도녀의 가슴'이라는 의미. 빵의 도시로 유명한 알타무라(풀리아 주)에 있는 산타 키아라 수도원의 전통 과자이다. 이탈리아에서 제빵사의 수호신인 산타 아가타에 대한 오마주로 만들었다고 한다. 지금도 영업 중인 이 수도원 유래의 과자점에서 오리지널 테테 델레 모나케를 맛볼 수 있다. 만들 때는 반죽의 달걀흰자 거품이 꺼지지 않도록 섞고, 봉긋하게 짜내는 것이 포인트이다.

테테 델레 모나케(지름 약 5㎝ / 10개분)

재료

달걀노른자……2개분
달걀흰자……2개분
그래뉴당……20 g
박력분……40 g
레몬 제스트……1/4개분
기본 커스터드 크림 (→P223)……100 g
분당(마무리용)……적당량

레시피

1 볼에 달걀노른자와 그래뉴당 10 g을 넣고 거품기로 되직해질 때까지 섞은 후 박력분, 레몬 제스트를 넣고 섞는다.
2 다른 볼에 달걀흰자를 넣고 나머지 그래뉴당을 수회에 나눠 넣으며 끝이 살짝 휘어질 정도로 거품을 낸다.
3 1에 2를 절반씩 넣으며 그때마다 거품이 꺼지지 않도록 주걱으로 대강 섞는다. 원형 깍지를 끼운 짤주머니에 넣고 유산지를 깐 트레이에 봉긋하게 10개를 짜낸다.
4 170℃로 예열한 오븐에서 약 15분간 굽는다.
5 지름 1㎝의 원형 깍지를 끼운 짤주머니에 커스터드 크림을 넣고 4의 밑면에 구멍을 뚫어 크림을 채운 후 분당을 뿌린다.

카르텔라테
CARTELLATE

그리스도의 후광을 표현한
크리스마스의 튀긴 과자

◆ ◆

- 카테고리: 튀긴 과자 / 빵·발효 과자
- 상황: 가정, 과자점, 축하용 과자
- 구성: 발효 반죽 + 꿀

카르텔라테라는 이름은 그리스어 '카르탈로스(kartallos, 바닥이 뾰족한 바구니)'에서 유래했다. 풀리아의 주도 바리 근교에서 발견된 기원전 11세기의 벽화에 카르텔라테와 매우 유사한 과자를 만드는 방법이 새겨져 있었는데, 그것이 실제 카르텔라테인지는 확실치 않다. 그리스도의 후광을 표현한 모양이라고도 전해진다.

이 책에서는 쉽게 구할 수 있는 꿀을 사용했지만 풀리아의 가정에서는 포도즙을 졸여서 만든 빈코토(vincotto)를 넣는 경우도 많다.

카르텔라테(지름 5㎝ / 20개분)

재료

반죽
- 박력분……240 g
- 맥주 효모……12 g
- 미온수……40㎖
- 올리브유……50㎖
- 소금……2 g
- 화이트 와인……40㎖

샐러드유(튀김용)……적당량
꿀……적당량
컬러 스프링클(장식용)……적당량

레시피

1. 맥주 효모는 분량의 미온수에 녹인다. 볼에 모든 반죽 재료를 넣고 부드러워질 때까지 치대 따뜻한 장소에 두고 1시간 발효시킨다.
2. 반죽을 덧가루를 뿌린 작업대에 올려놓고 밀대로 얇게 편다. 물결무늬의 파스타 커터로 너비 5㎝, 길이 30㎝의 사각형 반죽을 20장 만든다.
3. 반죽의 위아래를 접으며 3㎝ 간격으로 양손가락으로 집어 공간을 만든다. 다 접었으면 손가락으로 집은 공간을 한데 모아 붙이듯이 반죽을 끝에서부터 돌돌 말아 장미꽃 모양으로 성형한다.
4. 200℃로 가열한 샐러드유에 노릇하게 튀겨 기름을 뺀다.
5. 냄비에 꿀을 넣고 가열해 꿀이 녹으면 4에 듬뿍 뿌린 후 컬러 스프링클로 장식한다.

피탄큐자
PITTA'NCHIUSA

남이탈리아의 시나몬 롤

●카테고리: 구움 과자 ●상황: 가정, 과자점, 축하용 과자
●구성: 박력분 베이스의 반죽+건포도, 꿀, 향신료 등의 필링

칼라브리아 주 카탄자로나 크로토네에서는 피탄큐자(pitta'nchiusa), 코센차에서는 피탄 피리아타(pitta'impigliata)라고 불린다. 피타는 그리스어로 '피타(pita, 납작하게 구운 빵)', 아랍어로는 '피타스(pitas, 으깨다)'라고도 하며 '큐자'와 '피리아타'는 '부착하다'라는 의미로 반죽을 붙여 성형하는 작업에서 유래했다.

그 기원은 기원전 고대 그리스 시대로 거슬러 올라간다. 매년 5월, 장식한 둥근 빵을 여신에게 바치던 풍습이 가톨릭 시대가 되면서 성모 마리아에게 바치는 것으로 이어지며 새로운 식재료의 도입과 함께 변화해 지금의 형태가 되었다. 한편, 코센차의 산 조반니 인 피오레라는 도시에서는 1728년, 결혼식 공증을 맡은 관리가 남긴 자료에 피탄 피리아타가 등장한다. 중요한 경사가 있을 때 만들었던 과자라는 것을 알 수 있다. 현재는 칼라브리아 전역에서 크리스마스 또는 부활절 과자로 등장한다.

견과류, 감귤류, 향신료가 듬뿍 들어간 피탄큐자는 남이탈리아의 진미가 가득 담긴 구움 과자이다.

피탄큐자(지름 18㎝의 원형 틀 / 1개분)

재료

반죽
- 박력분……250 g
- 베이킹파우더……8 g
- 소금……한 자밤
- 달걀(전란)……1개
- 올리브유……50㎖
- 모스카토(화이트 와인)……25㎖
- 오렌지즙……25㎖
- 그래뉴당……15 g
- 시나몬파우더……소량
- 오렌지 제스트……1/4개분

필링
- 건포도……100 g
- 꿀……125 g
- 호두(굵게 다진다)……100 g
- 잣(굵게 다진다)……30 g
- 클로브파우더……1/4 작은술
- 시나몬파우더……1/4 작은술
- 오렌지 제스트……1/4개분
- 레몬 제스트……1/4개분
- 모스카토……50㎖

달걀물(마무리용)……1개분
꿀(마무리용)……적당량

레시피

1 필링을 만든다. 건포도는 미온수에 불려 굵게 다진다. 볼에 모든 재료를 넣고 섞어 3~4시간 두고 맛이 배게 한다.
2 반죽을 만든다. 볼에 박력분과 베이킹파우더를 넣고 손으로 섞은 후 중앙을 움푹하게 만들어 다른 재료를 모두 넣고 부드럽게 될 때까지 치댄다.
3 반죽을 작업대에 올려놓고 8등분해, 그 중 하나를 밀대를 이용해 지름 18㎝의 원형으로 편다. 틀에 버터를 바르고 박력분을 뿌린(각 분량 외) 후 반죽을 깔아준다.
4 나머지 반죽도 밀대를 이용해 7×20㎝의 사각형으로 7장 만든다. 반죽 1장의 중앙에 1을 7등분해 펴 바르고 아래에서부터 반으로 접어(완전히 봉합하지 않아도 된다) 손가락으로 누르며 끝에서부터 돌돌 말아 3의 중앙에 올린다.
5 나머지 반죽 6장도 같은 방법으로 만들어 4에서 만들어 올린 1개에 밀착해 빙 둘러준다. 받침 역할을 하는 3의 가장자리를 접어 올려 위에 얹은 6개의 반죽과 밀착시키며 빙 둘러 형태를 정돈한다.
6 표면에 달걀물을 바르고 180℃로 예열한 오븐에서 약 40분간 굽는다. 따뜻할 때 중탕한 꿀을 끼얹는다.

크로체테

CROCETTE

칼라브리아의 명산품이 모두 담긴 크리스마스 과자

●카테고리: 마지팬·그 외 ●상황: 가정, 과자점, 축하용 과자
●구성: 건무화과 + 아몬드

칼라브리아 주를 대표하는 전통 식재료인 건무화과. 그 중에서도 북부 코센차의 도타토(dottato) 품종이 유명하다. 이탈리아의 원산지 인증 제도인 DOP에도 등록된 품종으로, 다른 주 사람들도 고개를 끄덕일 만큼 맛이 좋다.

구약 성서의 아담과 이브가 몸을 가렸던 것이 무화과 잎이었다는 이야기만 봐도 무화과가 굉장히 오래 전부터 존재했다는 것을 상상할 수 있다. 언제, 어떻게 칼라브리아에 들어왔는지는 분명치 않지만 아라비아 남부가 원산지인 것을 생각하면 아마도 수천 년 전 페니키아인들이 아랍 지방에서 가져왔을 것이다.

무화과는 품종에 따라 1년에 2번 열매를 맺는데 도타토 품종도 그렇다. 첫 열매인 '피오로니(fioroni)'는 6월 중순~7월이 수확 시기로, 보랏빛을 띠며 생식에 적합하다. 두 번째 열매인 '포르니티(forniti)'는 8~9월이 수확 시기로, 과육이 흰 빛을 띠고 껍질이 얇아 건무화과로 가공하기에 적합하다고 한다.

크로체테에 사용하는 것은 포르니티이다. 여름에 손으로 직접 딴 무화과를 그물망 위에 널어 정성껏 말려서 만든다. 만드는 공정은 단순하지만 수확부터 모든 것이 수작업인 것을 생각하면 상당히 품이 많이 드는 식재료이다. 그래봤자 건무화과지……라고 생각할 수 있지만 먹어보면 모든 재료의 풍미가 입 안 가득 퍼지는, 상상을 뛰어넘는 과자의 높은 완성도에 놀라게 될 것이다.

크로체테는 건무화과가 완성되는 가을에 만들어 크리스마스까지 보존한다. 단것이 귀한 대접을 받던 시대에는 단맛이 강하고 건조시켜 장기간 보존이 가능한 과일이 진미였다. 크리스마스 시즌에 먹기 위해 일부러 십자가 모양으로 만들었을 것이다. 가정에서는 간단히 오븐에 구워 만들지만 코센차에서는 오븐에 구운 크로체테를 다시 한 번 시럽에 절여 예쁜 상자에 담아 지역 명산품으로 판매하고 있다.

크로체테(4개분)

재료

건무화과……16개
껍질을 벗기지 않은 구운 아몬드(또는 호두)……16개
오렌지 제스트……1/4개분
월계수 잎……4장

레시피

1 건무화과는 물에 씻어 키친타월로 물기를 제거한다. 꼭지를 떼어내고 아래쪽에서부터 칼로 갈라 펼친다.
2 펼친 무화과에 180℃의 오븐에서 구운 아몬드 1개와 오렌지 제스트를 얹는다. 같은 방법으로 하나를 더 만들어 십자가 모양으로 겹친다.
3 펼친 무화과를 2개 더 만들어 과육 부분을 아래로 향하게 해서 2에 뚜껑을 덮듯 십자가 모양으로 겹쳐서 얹는다.
4 겹쳐 놓은 무화과를 위에서 강하게 눌러 밀착시키고, 유산지를 깐 트레이에 올려 월계수 잎을 얹는다. 180℃로 예열한 오븐에서 약 10분간 굽는다.

◆ ARTICOLO 5

이탈리아 수도원의 역사와 역할

이 책을 읽다 보면 '수도원 출신' 과자가 다수 등장하는 것을 알게 될 것이다. 중세 성기(11~13세기), 이탈리아 각지의 수도원에서 경쟁이라도 하듯 다양한 과자가 만들어졌다. 왜 수도원에서 과자를 만들었을까, 그 역사를 되짚어보자.

수도원은 가톨릭교회 내에 있는 수도사가 기도를 하며 공동생활을 하는 시설이다. 남녀가 각기 다른 시설에서 생활하며, 그리스도에 평생을 바친 인생을 살기 때문에 결혼은 허락되지 않는다. 수도사는 이탈리아어로 '모나코(mònaco)'라고 불리는데 그 어원은 그리스어의 '모나코스(monakhos, 혼자인 자)'라는 의미로, 3세기까지는 황야에서 혼자 엄격한 수행 생활을 했다. 4세기경이 되면 이집트에서 모나코스가 가톨릭교의 가르침에 따라 공동생활을 시작했으며 그 거점을 '모나스텔로(monastèro, 수도원)'라고 부르게 되었다고 한다.

이탈리아 최초의 수도원은 529년 베네디툭스가 세운 몬테 카시노 수도원이라고 한다. 엄격한 계율과 '기도하고, 일하라'를 모토로 순수한 신앙생활에 정진했다. 수도사(수도녀)는 매일 4~5시간의 기도와 6~7시간의 노동(밭일, 학문 등)에 종사했는데 그 중 하나가 과자 만들기와 약초 연구였다. 수도원에서 만든 과자의 시초는 미사 때 신자들에게 주는 그리스도의 성체를 상징하는 빵과 축일에 먹기 위한 소박한 과자였다고 한다. 당시의 과자는 밀가루, 달걀, 꿀 등 수도원 내에서 조달할 수 있는 식재료를 사용한 단순한 것에 약간의 공을 들인 빵이었다. 또 그리스도의 피를 상징하는 와인도 수도원 내에 포도밭을 일구고 양조까지 했다. 일찍부터 허브의 효용을 연구했던 수도원에서는 약초를 재배해 와인이나 증류주에 담가 약으로 사용했다. 순례자나 민중의 질병 치료에 도움을 주었을 뿐 아니라 허브티나 연고를 만들어 지금의 약국이나 병원과 같은 역할도 했다. 과자나 리큐어 등의 약초를 사용한 제품은 일반 시민에게도 판매되었으며 그 수입은 수도원 운영의 귀중한 재원이기도 했다.

중세 성기가 되면, 가톨릭 권력의 강대화와 함께 수도원의 활동도 더욱 활발해졌다. 수도원은 대영주로서 토지를 지배하고, 농민들에게 거둔 소맥 등의 곡물, 포도, 꿀, 달걀을 사용해 과자나 빵을 만들었다. 그런 활동이 크게 발전하게 된 사건이 1096년부터 시작된 십자군 원정이다. 그때까지 지중해 무역이라는 한정된 범위에서만 거래되던 설탕, 향신료(시나몬, 후추, 넛맥 등), 감귤류 등이 십자군의 원정을 통해 동방에서 이탈리아로 들어왔다. 절대적인 권력을 지닌 가톨릭교는 그 귀중하고 비싼 식재료를 입수해 과자를 만들어 크리스마스 등의 중요한 축제일에 주교나 추기경 등의 고위 성직자에게 바쳤다.

한편, 시칠리아는 9세기 아랍의 지배로 이런 식재료들이 이미 들어와 있었기 때문에 이탈리아 본토보다 한 발 먼저 과자의 발전을 이루었다. 설탕, 향신료, 감귤류의 보급과 함께 과자의 풍미도 점차 깊어졌다. 중세 성기 이후, 과자는 수도녀들에 의해 발전했다. 16세기 말에는 시칠리아의 한 도시에서 수도녀가 과자 만들기에 열중한 나머지 종교 행사를 게을리 하자 과자 제조 금지령을 내리는 등의 흔치 않은 사건까지 일어났을 정도이다. 19세기에 본격적인 과자점이 탄생하기까지 과자는 수도원에서 판매되는 것이었다.

1000년이 넘는 세월에 걸쳐 갈고 닦은 수도원의 기술이 담긴 리큐어 등의 약초 제품이나 과자 기술은 지금도 이탈리아 각지에서 맛볼 수 있다.

(위에서부터) 팔레르모의 몬레알레 수도원의 회랑 / 시트론 당절임을 넣은 비스코티와 아몬드 베이스의 작은 과자는 노토의 수도원에서 탄생했다.

나폴리의 명과 스폴리아텔라(→P146)는 아말피 해안에 있는 산타 로사 수도원 출신이다.

마지팬으로 과일을 본떠서 만든 프루타 마르토라나(→P204). 팔레르모 마르토라나 수도원의 과자.

견과류와 과일 당절임을 듬뿍 넣은 쫀득한 식감의 판포르테(→P108). 시에나의 크리스마스 과자.

ISOLE
섬 지역

◆사사리
바르바지아 지방 ◆
SARDEGNA
사르데냐 주
◆ 오리스타노
칼리아리

SICILIA
시칠리아 주
팔레르모
에리체(트라파니)
◆ 마르살라
브론테 ◆
에트나 산
◆ 아그리젠토
◆판텔레리아 섬
모디카

타 민족의 지배로 일찍부터 식문화가 발전. 아랍의 영향을 받은 독자적인 과자

이탈리아 섬 지역의 최대 면적을 자랑하는 시칠리아 섬과 그 뒤를 잇는 사르데냐 섬. 온난한 지중해성 기후로 일 년 내내 따뜻하고 아몬드, 피스타치오 등의 견과류, 올리브, 감귤류, 과일 재배가 활발하다. 일찍부터 저중해 무역의 거점으로 다양한 민족의 지배를 받았으며 본토와는 분리된 독자적인 역사를 걸어왔다. 그런 이유로 과자에도 여러 문화가 뒤섞인 독특한 종류가 많은 것이 특징이다. 특히, 9세기 아랍의 지배로 설탕이나 향신료가 유입된 시칠리아에서는 일찍부터 과자 문화가 발전했으며 그 기술은 이후 왕가나 수도원에 의해 더욱 발전했다.

모든 섬에서 경질 소맥이 재배되었는데 특히 시칠리아는 '로마 제국의 곡물 창고'라고 불리었을 만큼 예부터 경질 소맥 재배가 왕성한 지역이었다. 양을 방목해, 양젖으로 만든 리코타를 사용한 과자가 많은 것도 특징 중 하나이다. 전통적인 감미료로는 꿀 외에도 포도즙을 졸안 빈코토(사르데냐에서는 사파)나 백년초 열매로 만든 시럽 등이 기원전부터 사용되었다. 유지류는 올리브유나 라드가 주로 사용되었으며 아몬드의 유지를 이용해 만든 마지팬 베이스의 과자도 본토에는 없는 문화이다.

모든 주에는 독자적인 역사를 통해 탄생한 독자적인 언어가 있는데 특히, 사르데냐에는 사르데냐어로 붙여진 독특한 이름의 과자가 많다.

스브리촐라타
SBRICIOLATA

포슬포슬한 크럼과 리코타 크림

●카테고리: 타르트·케이크 ●상황: 가정
●구성: 크럼 반죽+리코타 크림+아몬드

크럼 반죽 사이에 리코타 크림을 듬뿍 넣은, 시칠리아 서해안 마르살라의 타르트 스브리촐라타. 롬바르디아의 '스브리솔로나'(→P34)라는 타르트와 어원이 같으며 '스브리촐라레(sbriciolare, 부수다)'라는 크럼을 만드는 작업을 나타내는 동사에서 왔다.

시칠리아의 리코타는 일부 지역을 제외하면 대개 양젖으로 만든다. 양 문화는 아랍인이 시칠리아에 전파한 것으로 알려지며, 치즈를 만드는 방법도 아랍인에 의해 크게 개량되었다. 리코타는 '다시 끓였다'는 의미로, 치즈를 만들고 남은 유청을 재가열해 만든다. 지금은 일반 치즈와 같은 가격으로 판매되지만, 과거에는 마지막까지 남기지 않고 먹기 위해 재이용해 만든 식재료로 농민의 과자에 유용하게 쓰였다.

스브리촐라타는 반죽을 휴지하거나 밀대를 사용하지 않고 단시간에 간단히 만들 수 있다. 그런 이유로 가정에서 자주 만들었으며 각 가정만의 다양한 레시피가 있지만 맛있는 스브리촐라타의 절대 조건은 맛있는 리코타를 사용하는 것이다. 각 가정만의 리코타 선택 방법도 다른 듯하다.

막 만든 따뜻한 리코타는 특유의 폭신한 식감과 은은한 풍미를 즐길 수 있으며, 냉장고에서 차게 식힌 리코타는 조밀한 식감과 상큼한 레몬의 풍미를 즐길 수 있다. 겨울에는 살짝 데워 카푸치노와 함께, 여름에는 차게 식혀 마르살라 와인과 곁들이는 등 계절에 따라 먹는 방법을 바꾸면 더욱 맛있게 즐길 수 있다.

시칠리아에서는 큼직한 리코타를 덩어리째 식탁에 내놓는다. 접시에 덜어 꿀을 뿌리고 디저트로 먹는다.

스브리촐라타(지름 18㎝의 타르트 틀 / 1개분)

재료

박력분……175g
그래뉴당……100g
베이킹파우더……8g
버터(1㎝ 크기로 잘라 차게 식힌다)……80g
달걀물……1개분
기본 리코타 크림(→P224)……180g
레몬 제스트……1/2개분
껍질을 벗긴 아몬드(굵게 다진다)……30g
분당(마무리용)……적당량

레시피

1 볼에 박력분, 그래뉴당, 베이킹파우더를 넣고 섞는다.
2 1㎝ 크기로 잘라 차게 식힌 버터를 1에 넣고 손끝으로 비비듯 가루와 섞는다. 달걀물을 넣고 손바닥으로 가볍게 비비며 크럼 상태로 만든다.
3 버터를 바르고 박력분을 뿌린(각 분량 외) 틀에 2의 절반량을 깔고 레몬 제스트를 섞은 리코타 크림을 고르게 펴 바른 후 나머지 2를 얹는다.
4 굵게 다진 아몬드를 뿌려 180℃로 예열한 오븐에서 약 45분간 굽는다. 식으면 분당을 뿌린다.

토르타 알 피스타키오
TORTA AL PISTACCHIO

녹색의 보석 피스타치오를 듬뿍 사용한 케이크

- 카테고리: 타르트·케이크 ● 상황: 가정, 과자점
- 구성: 피스타치오 가루 + 박력분 + 설탕 + 달걀 + 버터

피스타치오의 산지로 유명한 시칠리아 섬, 에트나 산 북서부에 있는 브론테 지방의 도시. 에트나 산은 표고 3323m의 높은 산으로, 현재도 빈번히 분화 활동을 일으키는 활화산이다. 그 분화로 인한 화산재와 용암이 만든 토양이 비옥한 토지를 만들면서 이 지방에 다양한 축복을 가져왔다. 그 중 하나가 피스타치오이다. 짙은 보랏빛의 얇은 껍질과 눈이 번쩍 뜨일 정도로 선명한 녹색 알맹이. 브론테의 피스타치오는 '녹색의 보석(에메랄드)'이라고도 불린다. 맛이 진하고 풍미가 좋은 이 지방의 피스타치오는 세계적으로도 명성이 높다.

양질의 피스타치오를 생산하기 위해 2년에 1번씩 수확하기 때문에 생산량이 적고 가격도 비싸다. 그런 이유로 피스타치오는 평상시 먹는 간식보다는 결혼식이나 생일 등의 축하용 제과 재료로 사용되었다. 대표적으로 피스타치오 케이크가 있다. 박력분의 배량 정도의 피스타치오 가루가 들어가는 이 사치스러운 과자는 선명한 녹색이 특징으로, 한 입 먹으면 산뜻하면서도 고소한 피스타치오 특유의 풍미가 입 안 가득 퍼진다.

브론테 지역의 과자점에 가보면 눈앞에 녹색 세상이 펼쳐진다. 진열대에 피스타치오를 사용한 과자가 가득 진열된 모습도 이 지역에서만 볼 수 있는 광경일 것이다.

브론테가 유명하지만 피스타치오는 시칠리아 전역에서 재배된다. 지금은 피스타치오 케이크 외에도 과자에 넣는 크림이나 젤라토에도 사용되는 등 시칠리아 과자에 빠지지 않는 소재 중 하나이다.

브론테의 과자점 진열장에 놓인 피스타치오 가루가 뿌려진 작은 과자. 안에는 피스타치오 크림이 들어 있다.

토르타 알 피스타키오(지름 15㎝의 원형 틀 / 1개분)

재료

달걀(전란)……2개
버터(실온 상태의 부드러운 버터)……65 g
그래뉴당……70 g
피스타치오 가루……75 g
박력분……40 g
베이킹파우더……4 g

레시피

1 볼에 실온 상태의 버터와 그래뉴당을 넣고 거품기로 하얗게 될 때까지 잘 섞는다.
2 달걀을 1개씩 넣으면 그때마다 거품기로 잘 섞는다. 피스타치오 가루, 박력분, 베이킹파우더를 넣고 주걱으로 가루가 보이지 않을 때까지 섞는다.
3 버터를 바르고 박력분을 뿌린(각 분량 외) 틀에 반죽을 붓는다. 180℃로 예열한 오븐에서 약 30분간 구워 피스타치오 가루(분량 외)를 듬뿍 뿌린다.

음파나티기
'MPANATIGGHI

소고기가 들어간 달콤한 비스코티

●카테고리: 비스코티 ●상황: 가정, 과자점
●구성: 박력분 베이스의 반죽 + 다진 소고기 + 견과류 + 초콜릿 + 향신료

시칠리아 남동부, 바로크 도시의 하나로 세계 유산에도 등록되어 있는 라구사에 있는 모디카의 전통 과자.

모디카는 16세기 스페인 왕조의 지배를 받던 시기, 이탈리아 안에서도 일찌감치 카카오가 전해진 도시로 유명하다. 지금도 카카오 매스와 설탕을 저온에서 녹여 굳힌 가슬가슬한 설탕의 식감이 특징인 모디카 초콜릿으로 유명한 도시이다.

음파나티기라는 낯선 이름의 어원은 스페인의 엠파나다(empanadas)라는 재료가 들어간 반원형 빵에서 왔다고 한다. 그리고 놀랍게도 이 과자에는 다진 소고기 필링이 들어 있다.

모디카에는 모디카 소라는 전통 소의 품종이 있는데, 냉장고가 없던 과거에는 육류의 보존이 가장 중요한 과제이기도 했다. 그런 육류를 카카오와 설탕의 힘을 빌려 보존하고자 한 것이다. 밀가루나 설탕의 탄수화물과 소고기를 넣어 지질 및 단백질도 보충하고, 듬뿍 넣은 견과류에는 비타민이 풍부하다. 영양 균형이 뛰어나고, 농민이 농작업 중 먹기 위해 가져가기도 편했다.

지금은 모디카의 돌체리아(dolceria, 이탈리아어로 과자점은 '파스티체리아'이지만 모디카에서는 돌체리아라고 한다)에서 반드시 볼 수 있는 과자로, 남의 집을 방문할 때 선물로 가져가면 누구나 좋아하는 인기 있는 과자이다.

음파나티기(약 30개분)

재료

반죽
- 박력분……250 g
- 그래뉴당……70 g
- 라드……70 g
- 달걀(전란)……1개
- 달걀노른자……3개분
- 마르살라 와인……15㎖

필링
- 다진 소고기……100 g
- 껍질을 벗긴 아몬드……100 g
- 호두……50 g
- 비터 초콜릿……50 g
- 시나몬파우더……5 g
- 클로브파우더……2 g

달걀흰자……적당량

레시피

1 반죽을 만든다. 볼에 박력분을 넣고 중앙을 움푹하게 만들어 나머지 재료를 넣고 섞는다. 반죽이 부드러워지면 랩을 씌워 냉장고에서 1시간 휴지시킨다.
2 필링을 만든다. 중불에 올린 냄비에 다진 소고기를 넣고 볶아 수분이 날아가면 불에서 내려 식힌다.
3 아몬드, 호두, 초콜릿을 푸드 프로세서에 넣고 잘게 다진다.
4 볼에 2, 3, 필링의 나머지 재료를 넣고 손으로 쥐듯이 하나로 뭉쳐질 때까지 반죽한다.
5 1의 반죽을 작업대에 올려놓고 밀대로 얇게 펴서 지름 8㎝의 원형 틀로 찍어내 약 30장을 만든다.
6 4의 일부를 따로 떼어놓고 지름 2㎝ 크기의 공 모양으로 만들어 반죽 중앙에 올린다. 가장자리에 달걀흰자를 발라 반으로 접은 후 가장자리를 손으로 꾸꾹 누르며 봉합한다. 물결 모양의 파스타 커터로 가장자리를 정리하고 표면에는 십자 모양으로 가위집을 넣는다.
7 유산지를 깐 트레이에 올리고 180℃로 예열한 오븐에서 약 20분간 굽는다.

비스코티 레지나

BISCOTTI REGINA

참깨를 듬뿍 뿌린 '여왕의 비스코티'

◆ ◆ ◆ ◆ ◆ ◆ ◆ ◆ ◆ ◆ ◆ ◆ ◆ ◆ ◆ ◆ ◆ ◆ ◆ ◆

- 카테고리: 비스코티
- 상황: 가정, 과자점, 빵집
- 구성: 박력분+설탕+라드+달걀+참깨

서시칠리아에서는 비스코티 레지나 또는 레지넬레(reginelle), 동시칠리아에서는 세사미니(sesamini)라고 불린다. 아프리카가 원산이라는 참깨는 9세기에 아랍인이 시칠리아에 가져온 식재료 중 하나이다. 영양가가 높아 과거에는 귀한 대접을 받았기 때문에 '여왕의 비스코티'라는 이름이 붙여졌다고도 한다. 아침식사, 간식, 마르살라 와인, 파시토 디 판텔레리아, 말바시아 등 다양한 상황에서 활약하는 과자이다.

비스코티 레지나(약 20개분)

재료

박력분……165 g
그래뉴당……50 g
라드(또는 버터)……60 g
달걀(전란)……1/2개
베이킹파우더……3 g
레몬 제스트……1/3개분
우유……30㎖
흰 참깨……40 g

레시피

1 볼에 우유와 참깨를 제외한 모든 재료를 넣고 손으로 쥐듯이 한데 섞는다. 한 덩어리로 뭉쳐지면 랩을 씌워 냉장고에서 1시간 휴지시킨다.
2 1.5㎝ 굵기의 막대 모양으로 늘여, 3㎝ 폭으로 자른다.
3 2를 우유에 담갔다가 전체적으로 흰 참깨를 뿌린다. 유산지를 깐 트레이에 올려 180℃로 예열한 오븐에서 15~20분간 참깨에 갈색 빛이 날 때까지 굽는다.

비스코티 디 만돌레

BISCOTTI DI MANDORLE

밀가루가 들어가지 않는 촉촉한 아몬드 비스코티

◆ ◆ ◆ ◆ ◆ ◆ ◆ ◆ ◆ ◆ ◆ ◆ ◆ ◆ ◆ ◆ ◆ ◆ ◆ ◆

- 카테고리: 비스코티
- 상황: 가정, 과자점
- 구성: 아몬드+달걀흰자+설탕

아몬드는 시칠리아 과자에 빠지지 않는 중요한 소재 중 하나로, 이 비스코티 디 만돌레는 시칠리아 전역에서 만들어진다. 밀가루를 넣지 않기 때문에 충분히 구울 필요가 없어 부드러운 식감이 남는다는 특징이 있다. 시칠리아의 과자점에는 다양한 종류의 비스코티 디 만돌레가 진열되어 있어 보는 것만으로도 즐겁다. 장기 보존이 가능하기 때문에 시칠리아 기념품으로도 안성맞춤이다. 아몬드와 거의 동량의 설탕이 들어가는 만큼 단맛이 강하기 때문에 씁쓸한 에스프레소와 잘 어울린다.

비스코티 디 만돌레(약 20개분)

재료

아몬드파우더……250g
달걀흰자……2개분
그래뉴당……200g
오렌지 제스트……1/2개분
드레인 체리, 잣, 분당 등(장식용)……각 적당량

레시피

1 볼에 장식용을 제외한 모든 재료를 넣고 손으로 쥐듯이 섞는다.
2 손바닥에 물을 살짝 묻혀 지름 2㎝의 공 모양으로 성형한 후 드레인 체리를 장식한다. 잣을 장식하는 경우는, 원통 모양으로 성형해 전체를 살짝 눌러준다. 분당의 경우는, 원통 모양으로 성형해 손가락으로 양옆을 살짝 누른 후 전체적으로 분당을 뿌린다.
3 유산지를 깐 트레이에 올려 180℃로 예열한 오븐에서 10~12분, 옅은 갈색빛이 날 때까지 굽는다.

제노베제
GENOVESE

커스터드 크림이 듬뿍 든 제노바풍 과자

● 카테고리: 구움 과자 ● 상황: 과자점
● 구성: 세몰리나 밀가루 베이스의 반죽 + 커스터드 크림

시칠리아 서부의 산 위에 있는 중세의 도시 에리체의 명과. '제노바풍'이라는 의미로, 과거 에리체 기슭에 펼쳐진 항구 도시 트라파니와 제노바의 무역이 활발했다. 과자의 봉긋한 모양이 제노바 해군의 모자와 비슷하다고 하여 이런 이름이 붙었다는 설이 유력하다.

반죽에 세몰리나 밀가루가 들어가 바삭한 식감을 낸다. 크림은 일반적인 커스터드 크림보다 달걀노른자의 양을 줄여 산뜻한 맛을 즐길 수 있다. 반죽이 무른 편이라 덧가루를 충분히 뿌리며 성형하면 좋다. 오븐에서 꺼내 10분 정도 가볍게 식힌 후 분당을 듬뿍 뿌려 따뜻한 상태로 먹는 것이 가장 맛있다.

아몬드로 만든 수도원 과자(하단 사진)로 유명한 에리체에는 지금도 수도녀들이 만드는 아몬드 과자를 맛볼 수 있는 과자점이 곳곳에 남아 있다. 에리체를 방문한다면, 보존이 가능한 수도원 과자는 선물용으로, 따뜻한 제노베제는 꼭 그 자리에서 맛보기 바란다.

에리체의 과자점 '마리아 그라마티코'의 수도원 과자. 마지팬에 시트론 당절임이 들어 있다.

제노베제(6개분)

재료

반죽
- 버터(실온 상태의 부드러운 버터)…50g
- 그래뉴당……50g
- 달걀노른자……1개분
- 물……1큰술
- 세몰리나 밀가루……65g
- 박력분……65g

커스터드 크림
- 우유……125㎖
- 달걀노른자……1/2개분
- 그래뉴당……25g
- 레몬 제스트……1/4개분
- 옥수수 전분……10g

분당(마무리용)……적당량

레시피

1 반죽을 만든다. 볼에 실온 상태의 버터를 넣고 포마드 상태로 이겨, 그래뉴당을 넣고 하얗게 될 때까지 거품기로 섞는다.
2 달걀노른자를 넣고 잘 섞은 후 분량의 물을 넣고 빠르게 섞는다.
3 세몰리나 밀가루와 박력분을 합쳐서 2에 넣고 주걱으로 섞는다. 반죽을 손으로 한 덩어리로 뭉쳐 랩을 씌워 냉장고에 넣고 1시간 휴지시킨다.
4 크림을 만든다. 냄비에 달걀노른자, 그래뉴당, 레몬 제스트를 넣고 거품기로 잘 섞는다.
5 볼에 옥수수 전분과 우유 절반량을 넣고 거품기로 잘 섞어 녹이고 나머지 우유를 마저 넣어 잘 섞는다. 4에 조금씩 부으며 거품기로 섞는다.
6 5의 냄비를 중불에 올려 계속 저으면서 끓이다 바닥에서부터 몽글몽글하게 뭉치기 시작하면 약불로 줄인다. 계속 저으며 냄비 바닥에서부터 기포가 올라오면 불에서 내린다. 트레이로 옮겨 크림 표면에 랩을 밀착시켜 씌운 후 그대로 식힌다.
7 3의 반죽을 6등분해 1개씩 둥글게 빚고 작업대에 세몰리나 밀가루로 덧가루를 뿌린(분량 외) 후 밀대로 밀어 15×10㎝의 타원형으로 편다.
8 7의 반죽 절반 정도 위치에 스푼을 이용해 6등분한 크림을 얹는다. 반죽을 접어 가장자리를 단단히 눌러 붙이고 지름 7㎝의 원형 틀로 찍어낸다.
9 180℃로 예열한 오븐에서 약 15분, 옅은 갈색빛이 나도록 굽는다. 식으면 분당을 뿌려 완성한다.

부첼라토
BUCCELLATO

무화과 페이스트를 넣은 크리스마스 과자

- 카테고리: 구움 과자 ●상황: 가정, 과자점
- 구성: 세몰리나 밀가루 베이스의 반죽 + 건무화과 베이스의 필링

아랍의 영향을 강하게 받은 시칠리아의 시골 가정에는 아랍인이 가져온 것으로 알려진 무화과나무가 한 그루쯤 심어져 있다. 여름에 수확해 정원에서 잘 말려 크리스마스 과자의 재료로 사용한다. 그런 이유로 시칠리아 전역에는 건무화과를 사용한 다양한 형태와 이름의 크리스마스 과자가 존재한다. 그 중에서도 가장 화려한 것이 부첼라토일 것이다.

부첼라토라는 이름은 고대 로마 제국 시대의 '부첼라툼(buccellatum)'이라는 중앙에 구멍이 뚫린 도넛 모양의 빵에서 유래했다. 토스카나 주 루카에는 부첼라토 디 루카라는 건과일이 듬뿍 들어간 같은 모양의 케이크가 있는데, 이 케이크도 마찬가지로 부첼라툼에서 유래했다. 시칠리아에서는 9세기 아랍인들이 들여온 무화과, 감귤류, 아몬드, 향신료가 듬뿍 들어간 과자로 발전했다. 아랍인 덕분에 탄생한 과자라고 해도 과언이 아닐 것이다. 시칠리아의 주도 팔레르모 거리에는 매년 화려하게 장식된 부첼라토가 과자점 진열대를 장식한다.

부첼라토(지름 15㎝ / 1개분)

재료

반죽
- 박력분……115 g
- 세몰리나 밀가루……50 g
- 그래뉴당……50 g
- 라드……50 g
- 바닐라파우더……소량
- 베이킹파우더……3 g
- 달걀(전란)……1/2개
- 우유……25㎖

필링
- 건무화과……160 g
- 건포도……15 g
- 껍질을 벗기지 않은 아몬드……15 g
- 호두……15 g
- 피스타치오……15 g
- 오렌지 당절임(굵게 다진다)……15 g
- 비터 초콜릿(굵게 다진다)……15 g
- 오렌지 제스트……1/4개분
- 시나몬파우더……소량
- 클로브파우더……소량
- 마르살라 와인……10㎖

달걀노른자……적당량
살구잼……적당량
견과류, 과일 당절임 등(장식용)……각 적당량

레시피

1 필링을 만든다. 아몬드, 호두, 피스타치오는 180℃의 오븐에서 구워 굵게 다진다. 끓는 물에 건무화과와 건포도를 넣고 5분간 끓여 물기를 제거하고 푸드 프로세서를 이용해 페이스트로 만든다. 이 페이스트를 나머지 필링 재료와 함께 볼에 넣고 손으로 쥐듯이 섞어 한 덩어리로 뭉친다.

2 반죽을 만든다. 볼에 모든 재료를 넣고 치대 부드러워지면 냉장고에서 1시간 휴지시킨다.

3 1을 굵기 3㎝, 길이 30㎝의 막대 모양으로 늘인다.

4 2를 작업대에 올려놓고 밀대를 이용해 두께 5㎜, 한 변이 30㎝인 정사각형으로 늘인다. 중앙에 3을 올리고 위아래 반죽을 접어 손으로 가볍게 굴리며 약 3㎝ 정도 굵기로 성형한다. 양끝을 붙여 고리 모양으로 만들고 이음매는 손으로 꼭 눌러 붙인다.

5 표면에 비스듬하게 칼집을 넣고 달걀노른자물을 바른다. 200℃로 예열한 오븐에서 약 30분간 굽고 식으면 살구잼을 발라 기호에 맞는 장식을 올린다.

안에는 무화과 페이스트가 가득 들어있다. 식후의 디저트로 마르살라 와인 등과 곁들이면 좋다.

스핀차 디 산 주세페
SFINCIA DI SAN GIUSEPPE

큼직하게 튀긴 슈에 리코타 크림이 듬뿍

●카테고리: 튀긴 과자 ●상황: 가정, 과자점, 축하용 과자
●구성: 슈 반죽+리코타 크림

3월 19일의 산 주세페의 날, 시칠리아 서부에서 먹을 수 있는 튀긴 과자. 팔레르모에서는 스핀차, 트라파니에서는 스핀초네라고 부른다. 산 주세페의 날은 그리스도의 양부 주세페의 날이자 이탈리아에서는 아버지의 날이기도 하다.

스핀차라는 이름은 스펀지를 뜻하는 라틴어 '스폰자(spongia)' 또는 아랍어의 '이스팡(isfang)'에서 유래했다. 실제 지금도 아랍에는 스팡이라고 불리는 주로 꿀을 뿌려 먹는 튀긴 과자가 있다. 과거에는 스펀지라고 하면 해면 스펀지를 가리켰는데, 울퉁불퉁한 모양과 부드러운 감촉이 해면 스펀지와 닮았기 때문에 이런 이름이 붙었다고 한다.

스핀차의 원형은 성서와 코란에도 등장하는 빵과 같은 것이었다는 설이 있으며, 아랍이나 페르시아인이 만든 빵에 꿀을 뿌린 것이라는 설도 있다. 어떤 것이든 이후, 팔레르모의 수도원에서 조금씩 변화하다 과자 장인들에 의해 리코타와 오렌지 당절임을 얹은 지금과 같은 형태로 진화했을 것이다.

산 주세페는 무척 자애로운 인물로, 가난한 사람들에게 빵을 나눠주었다는 일화에서 지금도 산 주세페의 날에는 시칠리아 서부를 중심으로 많은 도시에서 빵 축제가 열린다(→P99). 빵 축제이기는 하지만 빵을 먹는 것이 아니라 소맥, 태양, 꽃 등 저마다 종교적 의미를 지닌 소재의 빵으로 제단을 장식하고 기도하는 종교적인 축제이다.

스핀차를 먹는 것은 산 주세페가 제과사의 수호성인이기 때문이라는 설이 정설이지만, 그 원형이 빵과 같은 것이었다는 것도 관계가 있을지 모른다. 신앙심이 깊은 시칠리아에서는 산 주세페의 날이면 과자점이 굉장히 붐빈다! 스핀차를 사려는 사람들로 장사진을 이루기 때문이다.

빵 축제의 제단. 공작은 번영, 꽃은 봄의 도래, 소맥은 풍작 등 저마다의 바람을 담아 만든 빵으로 제단을 장식한다.

스핀차 디 산 주세페(6개분)

재료

기본 슈 반죽(→P223)……절반량
기본 리코타 크림(→P224)……전량
샐러드유(튀김용)……적당량
오렌지 당절임(장식용)……적당량

레시피

1 170℃로 가열한 샐러드유에 스푼으로 슈 반죽을 떠 넣는다. 밑면이 노릇하게 튀겨지면 뒤집어 포크로 중앙을 가볍게 눌러주며 노릇하게 튀긴 후 기름을 제거한다. 같은 방법으로 6개 더 만든다.
2 튀긴 슈가 식으면, 포크로 눌러 오목하게 만든 부분에 리코타 크림을 얹고 매끈하게 정리한다. 오렌지 당절임을 올려 장식한다.

칸놀리
CANNOLI

신선한 리코타 크림을 감싼 바삭한 과자

●카테고리: 튀긴 과자 ●상황: 가정, 과자점, 바·레스토랑, 축하용 과자
●구성: 박력분 베이스의 반죽+리코타 크림

과거에는 스코르자(scorza)라고 불리던 원통 모양의 반죽을 만들기 위해 칸나(canna, 갈대)에 말아 튀겼던 데서 유래된 이름이다. 원래는 카니발 과자였지만, 지금은 카사타 시칠리아나(→P196)와 함께 시칠리아를 대표하는 과자로 일 년 내내 즐길 수 있게 되었다. 아랍 시대, 하렘에서 탄생한 이후 수도원에서 만들어지게 되었다.

칸놀리가 맛있는 과자점에는 4가지 공통점이 있다. 첫 번째는 리코타에 대한 고집이다. 유명한 과자점은 대부분 큰 도시가 아니라 지방에 있는데 그 이유는 양젖으로 만든 맛있는 리코타를 구할 수 있어서이다. 부드럽거나 단단한 식감 중 어떤 것을 선택할 것인지도 중요한 사항이다.

두 번째는 직접 만든 스코르자이다. 지금은 시판되는 제품도 있지만, 맛있는 칸놀리를 만드는 과자점에서는 반드시 직접 만든 스코르자를 사용한다. 양질의 밀가루를 사용하며, 두께와 튀긴 정도 그리고 크림과의 균형이 중요하다고 한다.

세 번째는 먹기 직전에 리코타를 채우는 것이다. 맛있는 과자점에서는 스코르자가 눅눅해지지 않도록 칸놀리를 진열대에 늘어놓지 않고 주문이 들어오면 즉석에서 리코타를 채워 판매한다. 마지막 네 번째는 칸놀리의 크기! 유명 과자점의 칸놀리는 하나 같이 크다. 시칠리아인의 위장을 만족시키려면 20㎝ 정도의 거대한 칸놀리가 필요한 것이다.

일반적인 칸놀리 틀의 크기는 8㎝ 또는 13㎝ 정도이다. 미니 사이즈는 카놀리치오(Cannolicchio)라고 불린다.

칸놀리(8개분)

재료

반죽
- 박력분……115g
- 그래뉴당……15g
- 버터……25g
- 코코아파우더……5g
- 마르살라 와인……20㎖
- 레드 와인……30㎖
- 소금……2g

기본 리코타 크림(→P224)……150g
피넛오일(튀김용)……적당량
드레인 체리 또는 오렌지 당절임(장식용)……적당량
분당(마무리용)……적당량

※13㎝의 칸놀리 틀

레시피

1 반죽을 만든다. 볼에 모든 재료를 넣고 부드러워질 때까지 치대 한 덩어리로 뭉친 후 랩을 씌워 냉장고에서 2시간 휴지시킨다(반죽이 지나치게 되면 물을 넣어 조절한다).
2 작업대에 올려놓고 밀대를 이용해 2㎜ 두께로 늘인 후 지름 10㎝의 원형 틀로 8장 찍어낸다.
3 칸놀리 틀에 말아 틀째로 180℃로 가열한 피넛오일에 넣고 튀겨낸다. 식으면 틀에서 분리한다.
4 먹기 직전, 3의 양쪽 끝에 짤주머니에 채운 리코타 크림을 짜 넣는다. 드레인 체리 또는 오렌지 당절임으로 장식하고, 기호에 따라 분당을 뿌려 완성한다.

바치 디 판텔레리아

BACI DI PANTELLERIA

판텔레리아 섬의 꽃 모양의 전통 과자

●카테고리: 튀긴 과자 ●상황: 가정, 과자점, 바·레스토랑
●구성: 박력분+달걀+우유+리코타 크림

판텔레리아는 시칠리아의 남서부, 튀니지에 가까운 해상에 위치한 섬이다. 튀니지와 80㎞밖에 떨어져 있지 않기 때문에 밤이 되면 튀니지의 해안선을 따라 늘어선 도시의 불빛이 선명히 보인다. 화산섬인 판텔레리아는 어딜 가든 검은빛 암석을 볼 수 있으며 지열을 이용한 온천이나 증기가 뿜어져 나오는 동굴 안에서 천연 사우나를 즐길 수 있는, 섬 전체가 그야말로 천연 스파나 다름없는 섬이다. 지금도 곳곳에서 담무소(dammuso)라고 불리는 아랍 양식 가옥을 볼 수 있는, 아랍의 영향을 강하게 받은 섬이기도 하다.

바치는 이탈리아어로 키스를 뜻하는 '바초(bacio)'의 복수형이다. 2장의 튀긴 반죽 사이에 리코타 크림을 넣었기 때문에 이런 이름이 붙여졌을 것이다. 전용 틀만 있으면 만드는 것은 간단하다. 판텔레리아의 많은 가정에서 이 틀을 상비해두고 평상시 간식으로 자주 만들어 먹을 뿐 아니라 섬 안의 과자점을 비롯해 바나 레스토랑 등 어딜 가든 메뉴에 없는 곳이 없을 만큼 큰 인기를 누리고 있는 과자이다.

한편, 판텔레리아 섬은 재배 방법이 세계 유산에까지 등록되어 있는 지비보 품종의 포도로 만든 파시토 디 판텔레리아 와인으로도 유명하다. 건포도를 넣어 양조한 와인으로 살구, 복숭아 등의 풍성한 과일향이 느껴지는 디저트 와인이다. 바치 디 판텔레리아에 이 파시토 디 판텔레리아를 곁들이는 것이 현지의 방식이다.

바치 틀은 별이나 삼각형 등도 있지만 꽃 모양이 가장 인기가 좋다. 반죽을 틀에 찍어 그대로 기름에 넣으면 저절로 틀에서 떨어진다.

바치 디 판텔레리아(8개분)

재료

우유……200㎖
박력분……150 g
달걀(전란)……1개
소금……3 g
기본 리코타 크림(→P224)……150 g
샐러드유(튀김용)……적당량
분당(마무리용)……적당량

※바치 틀

레시피

1 볼에 우유, 달걀, 박력분, 소금을 넣고 거품기로 응어리가 생기지 않도록 잘 섞는다.
2 180℃로 가열한 식용유에 바치 틀을 넣고 데운 후 1의 반죽을 찍어 노릇하게 튀겨낸 후 기름을 제거한다. 같은 방법으로 16장을 만들어 식힌다.
3 튀긴 반죽 2장을 한 쌍씩, 반죽 1장에 리코타 크림을 바른 후 뚜껑을 덮듯 나머지 반죽 1장을 덮은 후 분당을 뿌려 완성한다.

1794

피뇰라타
PIGNOLATA

마르살라 와인의 풍미가 살아있는 반죽에 꿀을 듬뿍

● 카테고리: 튀긴 과자 ● 상황: 가정, 축하용 과자
● 구성: 박력분 + 세몰리나 밀가루 + 달걀 + 설탕 + 꿀 + 마르살라 와인 + 올리브유

피뇰라타는 카니발이나 크리스마스 시즌에 만들어 먹는 튀긴 과자이다. 시칠리아 안에서도 서부에서는 바삭하게 튀긴 반죽에 꿀을 뿌리고, 동부 메시나에서는 폭신하게 튀긴 반죽 위에 흰색(레몬 풍미) 또는 검은색(초콜릿 풍미)의 글라세를 입히는 등의 다양한 레시피가 있다. 또 캄파니아 주에는 '스트루폴리'라는 부드러운 반죽에 꿀을 뿌린 과자가, 마르케 주에는 '치체르키아타'라는 피뇰라타와 매우 비슷한 과자가 있다. 이처럼 남이탈리아 전역에 이름은 다르지만 비슷한 과자가 여럿 존재한다.

피뇰라타라는 이름의 어원은 '피냐(pigna, 솔방울)'로, 작게 잘라 튀긴 반죽이 솔방울과 비슷하다고 하여 이런 이름이 붙었다. 시칠리아에서는 많은 열매를 맺는 소나무를 풍작과 풍요의 상징이자 '행운을 불러오는' 것으로 여기며, 도기점이나 기념품 매장에서 소나무 모양의 작은 도기를 판매하기도 한다.

원래는 카니발 과자였지만 지금은 크리스마스 시즌에도 만들고 있다. 내가 거주하는 시칠리아 서부 트라파니에서는 크리스마스 시즌이 되면 가족이 총출동해 피뇰라타를 만든다. 이탈리아의 과자는 맛을 즐기는 것뿐 아니라 가족의 단결력을 깊게 하는 중요한 아이템이기도 하다.

세몰리나 밀가루는 '2번 빻았다'는 의미의 입자가 고운 리마치나타(rimacinata)를 사용했다.

피뇰라타(6×2cm의 베이킹 컵 / 8개분)

재료

A
- 박력분……125g
- 세몰리나 밀가루……125g
- 그래뉴당……50g
- 소금……한 자밤

달걀물……1/2개분
올리브유……35ml
마르살라 와인……40ml 정도
올리브유(튀김용)……적당량
꿀……140g
컬러 스프링클(마무리용)……적당량

레시피

1. 볼에 A를 넣고 섞는다. 달걀물, 올리브유, 마르살라 와인의 절반량을 넣고 손으로 쥐듯이 치댄다. 반죽의 상태를 확인하며 나머지 마르살라 와인의 양을 조절한다. 한 덩어리로 뭉친 후 랩을 씌워 냉장고에 넣고 1시간 휴지시킨다.
2. 1을 1cm 너비의 막대 모양으로 길게 늘여 1cm 길이로 자른 후 면포 위에 올린다.
3. 180℃로 가열한 올리브유에 2를 넣고 노릇하게 튀겨 기름을 뺀다.
4. 프라이팬에 꿀을 넣고 약불로 가열해 3을 넣어 고르게 섞는다. 베이킹 컵에 담고 컬러 스프링클을 뿌린다.

카사타 시칠리아나

CASSATA SICILIANA

다채롭게 장식된 부활절의 리코타 케이크

●카테고리: 생과자 ●상황: 가정, 과자점, 레스토랑·바, 축하용 과자
●구성: 스펀지케이크 반죽 + 리코타 크림 + 마지팬 반죽 + 과일 당절임

시칠리아를 가봤다면, 한 번쯤 본 기억이 있을 것이다. 대체 무슨 과자일까? 하는 궁금증을 갖는 사람도 많을 것이다. 실은 그냥 단순한 리코타 케이크이다. 케이크 장식에는 과일 당절임이 사용되며, 장식 재료는 특별히 정해진 것은 아니지만 방사형으로 장식하는 것이 기본이다.

볼을 뜻하는 아랍어 '콰사트(quas'at)'가 어원이다. 지금으로부터 약 1000년 전, 아랍 통치 시대에 한 양치기가 리코타에 꿀을 섞어 만든 달콤한 크림을 볼에 넣어 보존한 것에서 그 크림을 '콰사트'라고 부르게 되었다. 그 후, 소문을 들은 왕궁 요리사가 반죽 2장에 콰사트(크림)를 발라 구운 것이 최초의 카사타로 알려지며, 지금도 그 원형이 카사타 알 포르노라는 이름으로 시칠리아에 전해지고 있다.

그 후, 무대는 수도원으로 옮겨진다. 노르만 왕조 시대, 수도원에서 아몬드와 설탕을 섞은 마지팬을 만들기 시작하면서 빵과 같은 반죽에 콰사트를 바른 후 마지팬으로 감싸는, 굽지 않는 카사타가 등장했다. 이후, 스페인 지배 하에서 리코타 크림에 초콜릿이 들어가고 과일 당절임을 장식하기 시작했다고 한다. 카사타 시칠리아나의 레시피가 문헌에 등장하는 것은 19세기 이후부터이다. 다만, 1575년 서해안의 마차라 델 발로의 수도원에서 부활절 과자로 만들었다는 기술이 남아 있으며 지금은 시칠리아의 부활절 시즌에 빠지지 않는 과자가 되었다.

카사타 시칠리아나(지름 15㎝의 카사타 틀 / 1개분)

재료

기본 스펀지케이크 반죽(→P222)……약 100g
기본 마지팬 반죽(→P224-A)……80~100g
분말 색소(녹색)……소량
기본 리코타 크림(→P224)……약 200g
초콜릿 칩……적당량
시럽
- 물……30㎖
- 그래뉴당……5g

글라세
- 분당……125g
- 달걀흰자……20g

과일 당절임(장식용)……적당량

※카사타 팬은 토르테 팬으로 대용.

레시피

1 녹색 아몬드 반죽을 만든다. 마지팬 반죽에 물(분량 외)에 녹인 색소를 3~4방울 정도 넣고 색이 잘 섞이도록 치댄다.
2 작업대에 올려놓고 밀대로 2~3㎜ 두께로 펴서 틀 높이보다 약간 더 굵은 띠 모양으로 자른다. 틀 안쪽에 옥수수 전분을 가볍게 뿌린(분량 외) 후, 틀 옆면에 붙여준 다음 불필요한 가장자리를 정리한다.
3 작은 냄비에 시럽 재료를 넣고 중불에서 가열하다 설탕이 녹으면 불에서 내려 식힌다. 스펀지케이크 반죽을 얇게 잘라 틀에 깔고 붓으로 시럽을 충분히 발라 스며들게 만든다. 남은 반죽은 따로 떼어 놓는다.
4 초콜릿 칩을 섞은 리코타 크림을 3의 80% 정도 높이까지 채운다.
5 3에서 남은 스펀지케이크를 손으로 굵게 부수어 크럼을 만들고 4의 윗면에 얹는다. 시럽을 바른 후, 랩을 씌워 냉장고에 넣고 1시간 휴지시킨다.
6 거꾸로 뒤집어 틀에서 분리한다. 볼에 글라세 재료를 넣고 잘 섞어 윗면에 바른 후 그대로 30분간 방치해 건조시킨다. 기호에 맞게 과일 당절임을 잘라 방사형으로 장식한다.

젤로

GELO

젤라틴을 넣지 않고 상온에서 굳힌 젤리

◆ ◆

●카테고리: 스푼 과자 ●상황: 가정
●구성: 물+소맥 전분+설탕+레몬즙 등

젤로의 기원은 아랍이 지배하던 시대 혹은 알바니아인을 통해 유래된 것이라는 말도 있다. 소맥 전분을 넣고 상온에서 굳혔기 때문에 냉장고가 없던 시대부터 만들어졌다는 것을 알 수 있다. 주로 여름철 가정에서 많이 만들어 먹고 과자점에서는 보기 힘들다. 레몬 외에도 시나몬, 초콜릿 등을 넣으며 시칠리아의 주도 팔레르모에서는 시칠리아의 특산품인 수박으로 만든 젤로가 유명하다.

레몬 젤로(4인분)

재료

레몬즙……40㎖(1개분)
물……160㎖
레몬 제스트……1개분
소맥 전분(또는 옥수수 전분)……20 g
그래뉴당……50 g

레시피

1 레몬즙과 분량의 물을 합쳐 잘 섞는다.
2 냄비에 레몬 제스트, 소맥 전분, 그래뉴당을 넣고 1을 조금씩 넣으며 응어리가 생기지 않도록 잘 섞는다.
3 중불에 올리고 주걱으로 계속 저으며 점성이 생길 때까지 가열한다.
4 냄비 바닥에서부터 거품이 보글보글 올라오면 바로 불에서 내려 내열 용기에 붓는다. 냉장고에 넣고 약 2시간 식힌다.

팔레르모에서는 8월 15일 성모 승천 대축일에 수박 젤로를 먹는 전통이 있다.

그라니타
GRANITA

뜨거운 시칠리아 여름의 아침 식사

◆ ◆ ◆ ◆ ◆ ◆ ◆ ◆ ◆ ◆ ◆ ◆ ◆ ◆ ◆ ◆ ◆ ◆ ◆

- 카테고리: 스푼 과자
- 상황: 가정, 과자점
- 구성: 물 + 설탕 + 에스프레소 등

아랍인들이 에트나 산 등 시칠리아의 산에 쌓인 눈을 여름까지 보존해두고 그것을 깎아 과즙이나 장미수를 끼얹어 먹었던 샤르바트(sharbat)가 원형이라고 한다. 그라니타라는 이름은 '그라타토(grattato, 얼음을 깎는다)'에서 유래했다. 레몬, 오디, 아몬드, 피스타치오 등 다양한 종류가 있으며 시칠리아 서부에서 인기 있는 재스민 풍미 역시 아랍 기원의 과자라는 것을 엿볼 수 있다. 브리오슈라고 불리는 둥글고 부드러운 빵에 곁들이는 것이 시칠리아식 아침 식사이다.

커피 그라니타(4인분)

재료

에스프레소……50ml
그래뉴당……40 g
물……100ml
거품을 낸 생크림……적당량

레시피

1 냄비에 분량의 물과 그래뉴당을 넣고 중불에 올려 끓이다 설탕이 녹으면 불에서 내려 식힌다.
2 에스프레소를 넣고 잘 섞어 트레이에 옮겨 담은 후 냉동실에 넣는다.
3 1시간 간격으로 꺼내 스푼으로 휘저으며 적당한 강도가 될 때까지 약 4시간, 냉동실에 넣고 얼린다.
4 제공하기 30분 전 상온에 꺼내놓고 10분 간격으로 스푼으로 섞는다. 그릇에 담고 거품을 낸 생크림을 곁들인다.

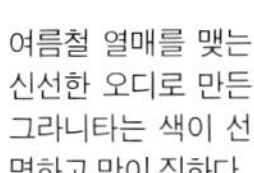
여름철 열매를 맺는 신선한 오디로 만든 그라니타는 색이 선명하고 맛이 진하다.

쿠차

CUCCIA

삶은 경질 소맥과 리코타 크림

◆ ◆

- 카테고리: 스푼 과자
- 상황: 가정, 축하용 과자
- 구성: 경질 소맥 + 리코타 크림

산타 루치아가 기도를 올리자 먼 곳에서 소맥을 실은 배가 도착했다. 시칠리아의 민중은 그 소맥을 삶아 먹고 기근에서 살아남았다……. 그 후, 이탈리아에서는 12월 13일 산타 루치아의 날에 밀가루로 만든 음식 대신 가공하지 않은 소맥을 먹었다. 리코타 외에 포도즙을 끓인 모스토 코토나 커스터드 크림 등을 사용하기도 한다. 쿠차라는 이름은 소맥 등의 낱알을 뜻하는 '키키(chicchi)'에서 유래했다.

쿠차(5인분)

재료

경질 소맥(알곡 또는 대맥)……50 g
기본 리코타 크림(→P224)……150 g
오렌지 당절임(5㎜ 정도)……25 g
초콜릿 칩……10 g

레시피

1 경질 소맥을 충분한 양의 물에 담가, 하루에 한 번 물을 갈아주며 사흘간 불린다.
2 물기를 빼고, 충분한 양의 끓는 물에 30~40분, 부드러워질 때까지 삶은 후 체에 걸러 식힌다.
3 볼에 리코타 크림, 5㎜ 정도로 자른 오렌지 당절임, 초콜릿 칩을 넣고 섞는다.
4 2를 넣고 경질 소맥과 골고루 버무려지도록 주걱으로 잘 섞는다.

모스토 코토를 넣은 쿠차는 과일 당절임을 장식한다.

비앙코 만자레
BIANCO MANGIARE

아몬드 밀크 푸딩

◆ ◆

- 카테고리: 스푼 과자
- 상황: 가정, 바·레스토랑
- 구성: 아몬드 + 물 + 우유 + 소맥 전분 + 설탕

'흰 음식'이라는 의미의 비앙코 만자레는 과거 아랍에서 설탕과 아몬드파우더로 만든 과자가 그 기원으로 전해진다. 9세기 아랍 통치 시대에 시칠리아에 들어온 이후 유럽 전역에 전파되었다. 젤로(→P198)와 마찬가지로 소맥 전분을 넣어 굳히기 때문에 쫀득한 식감이 특징이며 풍부한 시나몬 향을 즐길 수 있는 것도 포인트이다. 주로 가정에서 만들지만 레스토랑에서 디저트로 제공되는 경우도 많다.

비앙코 만자레(6인분)

재료

아몬드파우더……100 g
물……300㎖
레몬 제스트……1개분
우유……200㎖ 정도
그래뉴당……50 g
소맥 전분(또는 옥수수 전분)……40 g
시나몬파우더……적당량

레시피

1 아몬드파우더와 레몬 제스트를 분량의 물에 담가 하룻밤 정도 재운 후 체에 거른다.
2 1이 400㎖의 양이 될 때까지 우유를 넣는다.
3 냄비에 소맥 전분, 그래뉴당, 시나몬파우더를 넣고 2의 1/3 분량을 넣고 응어리가 풀어지게 잘 섞은 후 나머지 2를 넣고 계속 섞는다.
4 중불에 올려 주걱으로 계속 저으며 가열하다 냄비 바닥에서 기포가 올라오면 불에서 내린다. 바로 틀에 붓고 잔열이 식으면 냉장고에 넣고 식히며 굳힌다.

도기의 도시 칼타지로네에서 구입한 틀. 젤로에도 사용할 수 있다.

쿠스쿠스 돌체

CÙSCUSU DOLCE

아랍의 향기가 감도는 달콤한 쿠스쿠스

●카테고리: 스푼 과자 ●상황: 가정, 바·레스토랑
●구성: 쿠스쿠스 + 견과류 + 오렌지 당절임 + 향신료

흔히, 쿠스쿠스라고 하면 요리를 상상할 것이다. 시칠리아 서해안은 이탈리아에서도 유일하게 튀니지에서 전해진 수제 쿠스쿠스의 전통이 남아 있는 지역이다. 수제 쿠스쿠스는 경질 소맥 가루에 물을 조금씩 넣으며 섞은 후 간을 하고 1시간 반가량 쪄내는……상당히 손이 많이 가는 음식이다. 하지만 그 식감과 풍미가 남다르다.

쿠스쿠스 돌체는 시칠리아 남서부 아그리젠토에 있는 산토 스피리토 수도원에서 탄생했다고 전해진다. 14세기, 어느 귀족의 저택에서 일하던 아랍 출신 여성이 쿠스쿠스 레시피를 알려주었고 그 이야기를 들은 수도녀들이 쿠스쿠스 돌체를 만들기 시작했다고 한다. 지금도 아그리젠토에 있는 이 수도원은 외부인과의 접근이 차단되어 있어 여전히 이 과자의 오리지널 레시피는 비밀에 싸여 있다. 하지만 산토 스피리토 수도원에는 일반인들도 방문할 수 있는 과자점이 있다. 여기서 파는 쿠스쿠스 돌체를 먹어본 사람들이 달콤한 쿠스쿠스 맛에 경탄해, 그 맛을 재현하기 위해 경쟁하듯 만들면서 외부로 전파되었다.

재료를 살펴보면, 초콜릿을 제외한 대부분이 아랍인에 의해 전해져 지금은 시칠리아 특산으로 이름을 날리는 식재료가 많다. 1000년 전, 아랍인들이 시칠리아에 전파한 식재료의 영향이 얼마나 큰 것이었는지 새삼 느끼게 된다.

쿠스쿠스 돌체(5인분)

재료

쿠스쿠스……100 g
버터……10 g
A
- 오렌지 당절임(굵게 다진다)……25 g
- 초콜릿(잘게 다진다)……30 g
- 껍질을 벗기지 않은 아몬드……25 g
- 피스타치오……25 g
- 건포도……25 g
- 분당……10 g
- 피스타치오파우더……10 g
- 꿀……1작은술
- 시나몬파우더……적당량
- 클로브파우더……적당량

레시피

1 A의 아몬드와 피스타치오는 180℃의 오븐에서 구워 굵게 다진다. 건포도는 미온수에 불린 후 물기를 빼고 굵게 다진다.
2 냄비에 버터를 넣고 약불에 녹여 쿠스쿠스를 넣고 가볍게 볶는다.
3 쿠스쿠스 상자에 표시된 분량의 물을 끓여 2에 붓고 뚜껑을 덮은 채 10분간 익힌 후 뚜껑을 연다. 잔열이 식으면 A의 분당과 꿀을 넣고 잘 섞는다.
4 1과 나머지 A를 넣고 잘 섞어 냉장고에서 30분간 맛이 배게 한다.

위의 레시피는 조리가 간편한 '프레코토(precotto, 반조리)'를 사용했다.

프루타 마르토라나

FRUTTA MARTORANA

'사자의 날'에 등장하는 과일 모양의 마지팬 과자

●카테고리: 마지팬·그 외 ●상황: 가정, 과자점, 축하용 과자
●구성: 마지팬

'마르토라나 과일'이라는 이름의 이 과자는 팔레르모의 마르토라나 수도원에서 탄생했다. 12세기, 팔레르모 중심부에 있는 마르토라나 수도원의 정원에는 계절 과일이 주렁주렁 열려 이 지역에서 가장 아름다운 정원으로 소문이 자자했다. 어느 해 가을, 주교가 이 수도원을 방문하게 되었다. 정원에 열매를 맺은 과실이 아무것도 없자 당시의 새로운 식재료인 아몬드와 설탕을 사용해 마지팬을 만들고 그것으로 오렌지, 레몬, 무화과, 사과, 서양배, 복숭아 등 정원에서 열리는 열매 모양으로 만들어 장식해 주교를 맞았다고 한다.

세월이 흘러 1800년대. 11월 2일의 '사자(死者)의 날'은 죽은 자의 영혼이 현세로 돌아오는 날이라고 한다. 이때 사자들이 가져온다는 달콤한 과자를 아이들에게 선물하는 관습이 있었는데 당시 귀족들이 앞 다투어 이 아름답고 맛있는 과자를 선택했다고 한다. 그것이 오늘날 프루타 마르토라나가 사자의 날의 과자가 된 이유이다. 사자의 날이 가을철이었던 것도 관련이 있었을 것이다.

지금은 일 년 내내 과자점 진열대를 장식하는 시칠리아의 명물로 자리 잡았다. 장기 보존이 가능해 시칠리아의 기념 선물로도 인기가 높다.

푸르타 마르토라나(만들기 쉬운 분량)

재료

기본 마지팬 반죽(→P224-B)……전량
바닐라 에센스……적당량
클로브파우더……적당량
분당……적당량
식용 분말 색소(빨강·파랑·노랑)
……각 적당량

※만들고 싶은 과일 모양 틀

시칠리아에는 전용 과일 틀이나 잎사귀 등의 장식도 다양하게 판매된다.

레시피

마지팬 반죽을 만든다.

1 기본 마지팬 B를 만든다. 이때 공정 3에서 바닐라에센스와 클로브파우더를 넣는다.

성형.

<사과, 서양배>

마지팬 반죽 30g을 떼어, 손에 분당을 살짝 묻힌 상태로 둥글게 빚어 사과나 서양배 모양으로 성형한다.

<레몬, 오렌지, 딸기, 밤 등>

각각의 틀에 맞게 마지팬 반죽을 떼어, 손에 분당을 살짝 묻혀 손바닥으로 둥글게 빚는다. 분당을 뿌린 틀에 반죽을 넣고 살짝 눌러가며 마지팬을 채운다. 틀에서 떼어내고 겉에 묻은 분당은 붓으로 털어낸다.

색 입히기.

식용 분말 색소를 사용한다. 빨강, 파랑, 노랑색 색소를 아래의 비율을 기준으로 섞어 원하는 색을 만든다. 붓 등으로 색을 입히고 반나절 정도 건조시킨 후 줄기나 잎을 장식한다.

오렌지……노랑 + 빨강 2:1
보라……파랑 + 빨강 1:1
갈색……노랑 + 빨강 + 파랑 5:3:1

아녤로 파스콸레

AGNELLO PASQUALE

어린 양을 본뜬 부활절 과자

◆ ◆

- 카테고리: 마지팬·그 외
- 상황: 가정, 과자점, 축하용 과자
- 구성: 마지팬

'신의 어린 양'을 본뜬 마지팬 과자로, 부활절 시즌 시칠리아 전역에서 만들어진다. 양은 선량한 동물이라는 의미가 있으며, 붉은색 깃발은 그리스도의 부활을 상징한다.

시칠리아에서는 부활절이 다가오면 이 어린 양 모양의 틀을 사서 직접 과자를 만드는 가정이 많다. 부활절 당일, 점심식사 후에 먹는 디저트로 콜롬바(→P48)나 카사타(→P196)와 함께 식탁에 오른다. 나이프를 손에 쥐고 어디부터 잘라 먹을지를 두고 이야기꽃을 피우는 것도 이 계절만의 정취이다.

아녤로 파스콸레(1개분)

재료

기본 마지팬 반죽(→P224-B)……150 g
분말 색소(갈색)……적당량

※양 모양의 전용 틀

레시피

1 마지팬 반죽을 분당(재료 외)을 가볍게 뿌린 양 모양 틀에 넣고 성형한다.
2 얼굴이나 몸통에 색을 칠한다.

양 모양 틀. 큰 것은 500 g, 가장 작은 것은 50 g까지 다양한 크기가 있다.

토로네
TORRONE

바삭한 캐러멜 아몬드

◆ ◆ ◆ ◆ ◆ ◆ ◆ ◆ ◆ ◆ ◆ ◆ ◆ ◆ ◆ ◆ ◆ ◆ ◆ ◆

- ●카테고리: 마지팬·그 외
- ●상황: 가정, 과자점
- ●구성: 아몬드 + 캐러멜

토로네라는 이름은 굽다라는 뜻의 라틴어 '토레오(torreo)'에서 왔으며 시칠리아에서는 '쿠바이타(cubbaita)'라고도 한다. 로마 또는 아랍이 기원이라는 설이 있는데 9세기 아랍인이 시칠리아에 아몬드, 설탕, 향신료를 가져왔다는 점에서 아랍인 유래설이 유력하다. 기우기울레나(giuggiulena)라는 참깨를 사용한 레시피도 있다. 아몬드는 미리 노릇하게 구워놓는 것이 맛있는 토로네를 만드는 비결이다.

토로네(10×15㎝ / 1개분)

재료

껍질을 벗긴 아몬드……50 g
그래뉴당……100 g
시나몬파우더……1 g
레몬 제스트……1/4개분

레시피

1 아몬드는 180℃의 오븐에서 구워 굵게 다진다.
2 프라이팬에 그래뉴당을 넣고 중불에 올려 캐러멜 상태가 되면 1을 넣고 재빨리 섞는다. 불에서 내려 시나몬파우더, 레몬 제스트를 넣고 다시 섞는다.
3 작업대 위에 유산지를 깔고 2가 뜨거울 때 펼치고 다시 유산지를 덮어 밀대로 약 1㎝ 두께로 늘인다. 그대로 식히다 완전히 식기 전 적당히 따뜻한 상태에서 기호에 맞는 크기로 자른다.

파스티수스

PASTISSUS

결혼식의 순백의 아몬드 타르트

●카테고리: 타르트·케이크 ●상황: 가정, 과자점, 축하용 과자
●구성: 타르트 반죽 + 아몬드 베이스의 필링 + 글라세

사르데냐의 남서부 오리스타노부터 칼리아리에 걸친 지역의 과자로, 파스티네 레알리(pastine reali), 쿠폴레테(cupolette)라고도 불리며 결혼식 등에 축하용 과자로 만들어진다.

섬 지역 여성들은 손재주가 좋다고들 한다. 사르데냐나 시칠리아도 아름다운 자수나 복잡한 모양의 수제 파스타를 만드는 장기를 가진 여성들이 많다. 개인적으로는, 섬에서의 느긋한 시간 감각과 침략의 역사로 인해 독자적인 미적 감각이 발달한 게 아닐까 싶다. 그런 미적 감각은 디저트에도 반영되어 있다. 한 과자점에서 본 아름다운 파스티수스 장식에 도저히 눈을 뗄 수 없었을 정도였다. 겉만 보고 맛을 상상하기는 어렵지만 실은 얇게 편 반죽을 작은 타르트 틀에 깔고 아몬드파우더, 설탕, 달걀로 만든 크림을 섞어 구워낸 소박한 타르트이다. 장식은 오렌지플라워 워터 향이 감도는 흰색 당의를 입히고 현지에서는 마치 자수와 같이 섬세하고 아름답게 장식한다. 당연히 숙련된 기술이 필요하다. 겉보기엔 무척 달 것 같지만 먹어보면 레몬과 아몬드의 풍미가 퍼지며 마지막에 오렌지 꽃향기가 따라온다……의외로 담백한 디저트이다. 가정에서 만들 때에는 복잡한 자수 장식 대신 글라세를 입혀 실버 스프링클로 장식한다.

파스티수스(지름 7㎝의 원형 틀 / 24개분)

재료

타르트 반죽
- 박력분……250g
- 라드……50g
- 그래뉴당……50g
- 미온수……50g

필링
- 그래뉴당……60g + 65g
- 달걀노른자……4개분
- 달걀흰자……4개분
- 아몬드파우더……125g
- 베이킹파우더……6g
- 레몬 제스트……1개분

글라세
- 분당……125g
- 달걀흰자……15g
- 오렌지플라워 워터……수 방울

실버 스프링클(장식용)……적당량

레시피

1. 타르트 반죽을 만든다. 볼에 박력분, 그래뉴당, 라드를 넣고 손가락으로 비비듯이 섞는다. 분량의 미온수를 넣고 치대 부드러워지면 랩을 씌워 냉장고에 넣고 1시간 휴지시킨다.
2. 작업대에 올려놓고 밀대로 얇게 펴서 지름 10㎝의 원형으로 24장을 만든다. 버터를 바르고 박력분을 뿌린(각 분량 외) 틀에 깔고 가장자리의 반죽을 정리한다.
3. 필링을 만든다. 볼에 달걀노른자, 그래뉴당 60g을 넣고 거품기로 섞어 되직해지면 레몬 제스트를 넣고 섞는다. 아몬드파우더, 베이킹파우더를 넣고 주걱으로 전체가 잘 어우러지도록 섞는다.
4. 다른 볼에 달걀흰자를 넣고 그래뉴당 65g을 수회에 나눠 넣으며 거품기로 끝이 살짝 휘어질 정도로 거품을 낸다.
5. 3에 4를 절반씩 넣고 그때마다 거품이 꺼지지 않도록 가볍게 섞는다. 2의 틀에 70% 정도 높이까지 붓고 170℃로 예열한 오븐에서 약 20분간 구워 식힌다.
6. 볼에 글라세 재료를 넣고 잘 섞어 5의 윗면에 듬뿍 펴 바르고 실버 스프링클로 장식한다.

파르둘라스

PARDULAS

부활절의 치즈 타르트

●카테고리: 타르트·케이크 ●상황: 가정, 과자점, 축하용 과자
●구성: 세몰리나 밀가루 베이스의 타르트 반죽+리코타 크림

사르데냐 섬을 걷다 보면, 시장에서든 과자점에서든 정말 자주 볼 수 있는 파르둘라스. 이 섬에서 오랫동안 일한 지인에게 물어보니 사르데냐에서 굉장히 인기 있는 디저트 중 하나라고 했다.

파스타 비올라다(→P225)를 원형으로 찍어내, 중앙에 레몬이나 오렌지 제스트로 풍미를 더한 리코타 크림을 얹고 손가락으로 반죽을 집어 타르트 틀 모양으로 성형해 구운 치즈 타르트. 간단하지만, 막상 만들어보면 손가락으로 타르트 틀 모양을 만드는 것이 꽤 어렵다. 파스타 비올라다는 세아다스(→P216)에도 사용하는데, 튀기면 바삭하고 구우면 얇은 전병처럼 파삭거리는 식감을 낸다.

파르둘라스는 사르데냐의 주도 칼리아리부터 오리스타노 주변 남서부에서 불리는 명칭. 라틴어 '콰드룰라(quadrula)'에서 파생된 '파르둘라(pardula)'가 어원으로 '각지다'라는 의미. 북서쪽으로 올라간 사사리 인근에서는 포르마젤레(formaggelle) 또는 리코텔레(ricottelle)라고 부른다. 북동쪽의 양 방목이 왕성한 바르바지아 지방에서는 리코타 대신 양젖으로 만든 생 치즈를 사용한다. 카사디나스라고 불리는데 라틴어로 치즈를 뜻하는 '카세우스(caseus)'에서 유래된 이름이라고 한다. 참고로, 이 지방에는 민트나 이탈리안 파슬리를 넣은 달지 않은 종류도 있다.

지금은 연중 인기 있는 치즈 타르트이지만 원래는 부활절을 축하하기 위해 만들었던 디저트였다. 부활절 전날에 만든 커다란 타르트를, 부활절 당일 점심식사 때 여럿이 모여 그리스도의 부활을 기도하며 나눠 먹었다고 한다.

파르둘라스(10개분)

재료

세몰리나 밀가루……100 g
라드……15 g
소금……한 자밤
미온수……40~50㎖
필링
- 리코타……250 g
- 그래뉴당……50 g
- 세몰리나 밀가루……30 g
- 달걀노른자……1개분
- 레몬 제스트……1/2개분
- 오렌지 제스트……1/2개분
- 사프란파우더……소량

레시피

1. 볼에 세몰리나 밀가루, 소금, 라드를 넣고 손가락으로 비비듯이 섞는다. 반죽의 상태를 확인하며 분량의 미온수를 조금씩 넣고 치댄다. 랩을 씌워 냉장고에 넣고 1시간 휴지시킨다.
2. 필링을 만든다. 볼에 리코타와 그래뉴당을 넣고 거품기로 잘 섞은 후 다른 재료를 넣고 부드러워질 때까지 섞는다.
3. 1의 반죽을 덧가루를 뿌린 작업대에 올려놓고 밀대를 이용해 얇게 펴서 지름 10㎝의 원형 틀로 10장 찍어낸다. 2를 등분해 반죽 중앙에 올리고, 가장자리를 약 1㎝ 정도 남기고 스푼으로 고르게 편다. 크림을 감싸듯 가장자리를 몇 군데 손가락으로 집어 그릇 모양으로 만든다.
4. 170℃로 예열한 오븐에서 약 20분간 굽는다.

파파시노스

건포도가 듬뿍 든 바삭한 비스코티

- ●카테고리: 비스코티 ●상황: 가정, 과자점, 축하용 과자
- ●구성: 박력분 베이스의 반죽 + 건포도 + 견과류 + 머랭

11월 1일 '모든 성인의 날'(→P99)에 만드는, 당의와 컬러 스프링클로 장식된 마름모꼴 비스코티.

사르데냐 섬을 여행하다보면, 낯선 말들이 들려온다. 이 섬의 방언은 완전히 다른 언어처럼 들리는데 과자의 이름도 암호와 같은 것투성이다. 파바시니(pabassini)라고도 불리는 이 비스코티도 다른 이탈리아 지역에서는 들어본 적 없다. 그 이름은 사르데냐의 방언으로 건포도를 뜻하는 '파파사(papassa)'라는 말에서 왔다. 11월 1일에 만들어지게 된 것은 마침 건포도가 완성되는 시기와도 관계가 있을 것이다.

직접 만들어보면, 자르기 힘들 만큼 많은 양의 건포도가 들어간다. 반죽에 라드를 사용하기 때문에 바삭바삭한 식감을 낸다. 사르데냐 섬 전역에서 만들어지는 과자로 다양하게 변형된 종류가 있다. 이 책에서는 오렌지와 레몬 제스트로 풍미를 더했으나 시나몬, 바닐라, 펜넬 씨 등을 넣는 지역도 있다.

주도 칼리아리의 산 베네데토 시장에서 발견한 파파시노스.

파파시노스(약 60개분)

재료

반죽
- 박력분……250 g
- 그래뉴당……100 g
- 라드……100 g
- 달걀(전란)……1개
- 우유……40㎖
- 베이킹파우더(또는 암모니아카)……6 g

A
- 건포도……75 g
- 껍질을 벗긴 아몬드……50 g
- 호두(굵게 다진다)……50 g
- 오렌지 제스트……1개분
- 레몬 제스트……1/4개분

달걀흰자……1개분
분당……80 g
컬러 스프링클(장식용)……적당량

레시피

1 A의 건포도는 미온수에 불린 후 물기를 짜고, 아몬드는 180℃의 오븐에서 구워 굵게 다진다.
2 볼에 모든 반죽 재료를 넣고 치대 부드러워지면 A를 넣는다. 한 덩어리가 될 때까지 치대 냉장고에 넣고 1시간 휴지시킨다.
3 작업대에 올려놓고 밀대를 이용해 1㎝ 두께로 펴, 한 변이 3㎝ 길이의 마름모꼴로 자른다. 유산지를 깐 트레이에 올려 170℃로 예열한 오븐에 넣고 약 15분간 구워 식힌다.
4 볼에 달걀흰자를 넣고 분당을 조금씩 넣으며 끝이 살짝 휘어질 정도로 거품을 내 매끈한 광택이 있는 머랭을 만든다. 3의 표면에 바른 후 컬러 스프링클로 장식하고 50℃로 예열한 오븐에서 약 20분간 구워 표면을 건조시킨다.

카스케타스

CASCHETTAS

흰 장미를 본뜬 신부의 과자

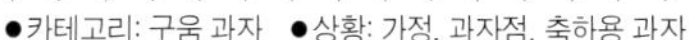

●카테고리: 구움 과자 ●상황: 가정, 과자점, 축하용 과자
●구성: 세몰리나 밀가루 베이스의 반죽＋사파 베이스의 필링

사르데냐 섬 칼리아리의 산 베네데토 시장에서 너울거리는 얇은 반죽에 필링이 채워진 소용돌이 모양의 과자를 발견했다. 이게 뭘까……하고 인상에 남았던 그 과자가 바로 카스케타스였다. 여행에서 돌아와 알아보니 바르바지아 지방의 벨비라는 도시에 전해지는 과자로 '돌체 델라 스포자(dolce della sposa)'라는 이름으로도 불리며 결혼식 때 신부에게 보내거나 손님에게 대접하는 과자라고 했다.

세몰리나 밀가루와 라드로 만든 반죽을 얇게 펴서 아몬드와 사파(→P227) 또는 꿀을 넣어 만든 필링을 채워 만다. 헤이즐넛의 산지인 벨비에서는 헤이즐넛을 사용하지만 다른 지방에서는 아몬드를 사용한다. 돌돌 말린 모양은 흰 장미를 본뜬 것이라고 하는데 사르데냐에서 본 아름다운 형태로 만들려면 숙련된 기술이 필요하다. 장미 말고도 말의 편자(이탈리아에서는 행운을 가져오는 상징으로 알려진다)나 하트 등 다양한 모양으로 만들어진다.

그러고 보니 세아다스(→P216)와 파르둘라스(→P210)도 바르바지아 지방의 과자이다. 산중에 있는 이 지역의 식재료가 얼마나 풍부했는지 알 수 있다. 사르데냐의 바다는 감탄이 절로 날 만큼 아름답기로 유명하다. 바다를 찾는 피서객들로도 붐비지만 바르바지아 지방의 식문화 탐방도 무척 즐거울 듯하다.

카스케타스(12개분)

재료

반죽
- 세몰리나 밀가루……250g
- 라드……50g
- 소금……한 자밤
- 미온수……50mℓ

필링
- 사파(또는 꿀)……200mℓ
- 세몰리나 밀가루……40g
- 껍질을 벗긴 아몬드……60g
- 코코아파우더……10g
- 오렌지 제스트……1/2개분

컬러 스프링클(장식용)……적당량

레시피

1 필링을 만든다. 냄비에 사파를 넣고 약불에 올려, 끓기 시작하면 나머지 재료를 넣는다. 계속 젓다 하나로 엉겨 붙어 냄비 바닥에서부터 분리되기 시작하면 불에서 내려 그대로 식힌다. 작업대에 올려놓고 5㎜ 굵기의 막대 모양으로 길게 늘인다.

2 반죽을 만든다. 볼에 세몰리나 밀가루, 소금, 라드를 넣고 손가락으로 비비듯이 섞다 분량의 미온수를 넣고 치댄 후 랩을 씌워 냉장고에 넣고 1시간 휴지시킨다.

3 2를 작업대에 올려놓고 밀대를 이용해 최대한 얇게 편다. 물결무늬의 파스타 커터로 폭 5㎝, 길이 30㎝의 띠 모양으로 12장을 자른다. 중앙에 등분한 1을 올리고 반으로 접어(완전히 붙일 필요 없다) 컬러 스프링클을 뿌린다. 손가락을 이용해 3㎝ 간격으로 집어주고 끝에서부터 돌돌 만다.

4 유산지를 깐 트레이에 올리고 170℃로 예열한 오븐에서 15~20분간 굽는다.

세아다스
SEADAS

페코리노 치즈를 넣은 튀긴 라비올리

●카테고리: 튀긴 과자 ●상황: 가정, 바·레스토랑
●구성: 세몰리나 밀가루 베이스의 반죽 + 페코리노 치즈 + 꿀

양젖으로 만든 치즈를 넣고 튀겨 꿀을 듬뿍 뿌린 라비올리와 같은 과자.

세아다스라는 이름으로 알려져 있는데, 정확히 말하면 '세아다'이며 '세아다스'는 복수형으로 '세바다스'라고도 불린다. 라틴어의 '세범(sebum)' 또는 사르데냐의 방언 '세우(seu)'라는 기름을 뜻하는 말에서 유래된 이름이라는 설도 있고, 스페인 통치 시대에 스페인어에서 왔다는 설도 있다. 어쨌든 지금은 사르데냐를 대표하는 과자가 되었는데, 본래는 섬 내륙부의 양 방목이 왕성한 바르바지아 지방에 있는 누오로에서 양치기들이 영양식으로 먹었던 과자였다고 한다.

세아다스에는 갓 만든 신선한 양젖 치즈를 사용한다. 반죽은 사르데냐에서 주로 사용하는 세몰리나 밀가루와 라드로 만든 파스타 비올라다(→P225)이다. 라드나 올리브유에 튀겨 바삭한 식감을 내는 것인데 요즘은 건강을 생각해 샐러드유로 튀기는 사람도 많다. 전통적으로는 쌉쌀한 맛이 나는 딸기나무 꿀을 뿌려 먹었다.

리코타를 넣은 과자는 많지만 진짜 치즈를 사용한 과자는 드물다. 은근한 짠맛과 꿀이 식욕을 자극한다. 갓 튀긴 따끈따끈한 세아다스에 꿀을 듬뿍 뿌려 즐기기 바란다.

페코리노 치즈는 숙성 기간이 10일 정도인 프리모 살레(→P228)가 구하기 쉽다.

세아다스(지름 8㎝의 원형 틀 / 8개분)

재료

세몰리나 밀가루……125g
라드……12g
물……약 50㎖
페코리노 치즈……150g
레몬 제스트……1/2개분
샐러드유(튀김용)……적당량
꿀(마무리용)……적당량

레시피

1 볼에 세몰리나 밀가루와 라드를 넣고 손으로 비비듯이 섞는다. 분량의 물을 넣고 치대 부드러워지면 랩을 씌워 냉장고에 넣고 1시간 휴지시킨다.
2 페코리노 치즈를 얇게 자른다. 프라이팬에 넣고 약불로 녹여 트레이로 옮겨 한 김 식힌다.
3 1의 절반량을 작업대에 올려놓고 밀대로 얇게 편다. 반죽 위에 8등분 한 2를 어느 정도 간격을 두고 올린 후 치즈 위에 레몬 제스트를 얹는다. 나머지 반죽을 같은 크기로 얇게 펴서 덮은 후 치즈를 올린 위치를 중심으로 지름 8㎝의 원형 틀로 찍어낸다.
4 170℃로 가열한 샐러드유에 넣고 앞뒤로 노릇하게 튀겨낸 후 기름을 제거하고 그릇에 담아 꿀을 뿌린다.

✦ ARTICOLO 6

외국에서 유래된 과자

**지금도 북으로는 프랑스, 스위스, 오스트리아,
동으로는 슬로베니아, 남으로는 아프리카와 국경을 접하고 있는 이탈리아에는
지리적, 역사적 배경에 의해 유래된 다양한 외국의 과자가 있다.**

※슬로베니아 = 구 오스트리아령

오스트리아 유래
/ 트렌티노 알토 아디제, 프리울리 베네치아 줄리아

트렌티노 알토 아디제, 프리울리 베네치아 줄리아의 2개 주와 국경을 맞대고 있는 오스트리아. 과거 합스부르크가 치세 하에서 영토를 크게 확대하고 번영을 누리며 화려하고 풍성한 과자 문화를 꽃피웠다. 그런 오스트리아의 오랜 지배를 받았던 이 2개 주는 식문화에도 그 영향이 짙게 남아 있다. 특히, 남티롤이라고 불리는 트렌티노 알토 아디제는 1861년의 이탈리아 통일보다 85년 더 늦은 1946년 이탈리아에 병합되었기 때문에 지금도 오스트리아의 공용어인 독일어를 사용하는 사람이 많다. 어딘가 낯선 과자 이름은 독일어의 흔적이 남아 있기 때문이다.

(왼쪽 상단부터 옆으로) 스트루델(→P82), 젤텐(→P78), 크라펜(→P86), 프레스니츠(→P94). 이들 지역에는 과자뿐 아니라 느긋하게 앉아서 커피를 즐기는 오스트리아에서 전해진 카페 문화도 그대로 남아 있다.

스위스·프랑스 유래
/ 피에몬테, 캄파니아(나폴리)

알프스 연봉을 경계로 프랑스, 스위스와 국경을 맞대고 있는 피에몬테. 15세기부터 사보이아 가문의 지배 아래, 궁정 문화의 번영과 함께 다양한 과자가 만들어졌다. 18세기에는 일시적으로 프랑스의 위성국이 되어 식문화가 발달했던 당시 프랑스로부터 강한 영향을 받았다. 한편, 캄파니아의 명물 바바는 나폴리가 프랑스의 지배를 받던 19세기에 프랑스에서 전해진 과자이지만 그 발상지는 폴란드이다. 18세기 프랑스와 폴란드 두 왕가의 결혼이 성사되었을 때 프랑스로 건너간 것이다. 이탈리아에 들어온 외국의 과자는 국경을 통한 문화적 접촉으로 전해진 것도 있고 역사적 흐름에 의해 전해진 것도 있다.

(왼쪽 상단부터 옆으로) 링구에 디 가토(→P20), 메링게(→P21), 바바(→P154). 16세기 이탈리아의 메디치 가문이 프랑스 왕가와 혼인 관계를 맺으면서 전해진 과자 문화가 프랑스에서 더욱 발전해 이탈리아로 역수입되었다.

아랍 유래
/ 시칠리아

이탈리아 남쪽에 있는 시칠리아 섬은 유럽 세계와 아랍 세계의 경계에 위치하고 있다. 지중해의 정중앙에 위치하기 때문에 지중해 무역의 거점으로 여러 민족의 침략과 지배를 받아온 시칠리아에는 다종다양한 식문화가 전해졌다. 그 중에서도 크게 영향을 미친 것이 9세기 아랍의 지배였다. 설탕, 감귤류, 향신료 등 과자에 사용되는 많은 식재료가 이탈리아 본토보다 먼저 시칠리아에 들어왔으며, 선진국이었던 당시 아랍 세계로부터 과자 제조 기술도 배우게 되었다. 그런 이유로 일찍부터 과자 문화가 발달했으며 카사타와 같이 시대와 함께 진화하기도 하고 토로네와 같이 당시의 형태가 그대로 남아있는 과자도 있다.

(왼쪽 상단부터 옆으로) 카사타 시칠리아나(→P196), 그라니타(→P199), 토로네(→P207), 프루타 마르토라나(→P204). 아랍의 축하용 과자는 다채로운 색상을 많이 이용하기 때문에 굉장히 화려하다. 그 밖에 이 책에서도 소개한 젤로(→P198)나 비앙코 만자레(→P201) 등이 있다.

이탈리아의 국민 음식 젤라토

이탈리아라고 하면 젤라토가 떠오를 것이다! 거리에서 볼 수 있는 커다란 젤라토를 든 양복 차림의 신사. 어린아이부터 어른까지, 남녀노소를 불문하고 이탈리아 국민의 사랑을 듬뿍 받는 젤라토는 과연 어디에서 탄생한 것일까. 시칠리아라는 사람도 있고 피렌체라고 주장하는 사람도 있다. 어쩌면 둘 다 정답이거나 오답일수도 있다.

젤라토의 기원인 그라니타(→P199)는 9세기 아랍인이 시칠리아에 들여와 빙과로서 처음 이탈리아에 등장했다. 그 후, 냉동 기술이 탄생한 것은 16세기의 피렌체(→P115)였다. 하지만 지금처럼 부드러운 젤라토가 등장한 것은 1600년대 후반의 일이다. 차게 식힌 젤라토를 휘저으며 공기를 주입함으로써 부드러운 식감을 만들어낸 것은 시칠리아의 과자 장인이었는데, 그것이 널리 퍼진 것은 그가 개업한 파리의 카페에서였다고 한다. 어쨌든 젤라토가 이탈리아에서 시대와 함께 다양한 기술 혁신에 의해 탄생한 것은 분명하다.

그 맛은 초콜릿, 헤이즐넛, 커피 등의 생크림이 들어간 진한 타입부터 레몬, 베리 등의 깔끔한 타입에 이르기까지 천차만별이다. 또 젤라테리아에서는 '콘 파나(Con panna, 생크림을 곁들인)'라고 하면, 풍성하게 담은 젤라토 위에 생크림을 올려준다. 코노(cono, 콘)와 코파(coppa, 컵) 중 하나를 고르는 것 말고도 시칠리아의 젤라테리아에는 또 한 가지 선택할 수 있는 것이 있다. 주먹만 한 크기의 둥근 빵, 브리오슈이다. 여기에 좋아하는 맛의 젤라토 2가지를 넣어 젤라토 버거를 만드는 것이다. 굉장히 푸짐한 양이다! 본래 브리오슈는 노르만 시대에 탄생한 것으로 여름이 무척 더운 시칠리아에서는 그라니타에 브리오슈를 적셔 먹었다고 한다. 그 후, 젤라토가 등장하면서 젤라토를 넣어 먹게 되었다고 한다.

배가 출출하거나 잠시 쉬는 시간에 혹은 수다를 떨면서……언제 어디서든 이탈리아인들의 젤라토 사랑은 막을 길이 없다.

피스타치오 맛 젤라토 버거. 담백하고 폭신한 브리오슈에 젤라토가 스며들어 맛있다.

크게 진한 맛과 깔끔한 맛으로 나뉘는, 다양한 종류의 젤라토가 진열되어 있다. 초콜릿 맛만 해도 종류가 여럿이라 고르는 즐거움이 있다.

◆ ARTICOLO 8

이탈리아인의 바 문화와 달콤한 아침 식사

이탈리아를 여행해본 사람이라면, 이른 아침부터 사람들로 붐비는 바의 모습을 본 적이 있을 것이다. 이탈리아인의 하루는 바에서부터 시작된다. 이탈리아인들은 바에 앉아 여유를 즐기는 습관이 없고 다들 서둘러 아침식사를 하고 직장으로 향한다. 평균적으로 바에 머무는 시간은 5분 정도일 것이다.

이탈리아인들은 바를 무척 좋아한다. '커피 마실까?'를 서로 가볍게 주고받으며, 바 카운터에 서서 커피를 마시며 잠깐 이야기를 나누다 떠난다. 낮에는 간단한 식사, 저녁에는 아페리티보(aperitivo, 식전주)를 즐기는 등 시간대에 따라 그 역할이 바뀌기 때문에 사람들은 좋아하는 바를 하루에도 몇 번씩 방문한다. 지인의 말에 따르면 '바는 집 밖에 있는 집이나 다름없는 장소'라고 했다. 사람들의 사교의 장소인 바는 이탈리아인들의 생활에 빠질 수 없는 존재인 것이다.

그렇다면 이탈리아인의 아침식사는 어떤 것일까? 대식가라는 인상이 있는 이탈리아인이지만 바에서의 조촐한 아침식사를 보면 깜짝 놀랄 것이다. 대표적인 메뉴는 카푸치노와 코르네토(지역에 따라서는 브리오슈)라고 불리는 달콤한 빵. 코르네토에는 마르멜라타(마멀레이드)나 커스터드 크림 외에도 리코타, 초콜릿 크림, 피스타치오 크림 등이 들어 있어 무엇을 고를지도 아침식사의 즐거움이다. 크라펜(→P86)도 아침식사로 인기 있는 달콤한 빵 중 하나이다. 이 빵들은 의외로 크고 묵직할 뿐 아니라 충분히 달콤하다. 보기에는 조촐한 아침식사 같지만 칼로리 자체는 꽤 높은 편이다. 한편, 집에서는 카페티에라로 내린 에스프레소에 따뜻한 우유를 넣은 카페라테와 비스코티 또는 페테 비스코타테라고 불리는 달지 않은 러스크와 같은 과자에 마르멜라타나 누텔라(헤이즐넛 크림)를 발라 카페라테에 적셔 먹는다. 당연히 마르멜라타나 누텔라는 듬뿍 바른다.

아침부터 밝고 활력 넘치는 이탈리아인들의 건강의 비결은 어쩌면 이 달콤한 아침식사에 있는지도 모른다.

다양한 종류의 코르네토와 달콤한 빵. 코르네토는 층이 많고 바삭한 크로와상과 달리 층이 많지 않고 빵에 더 가깝다.

아침식사에 곁들이는 대표적인 음료인 카푸치노. 마지막까지 풍성한 거품이 남아 있는 것이 맛있는 카푸치노라는 증거이다.

출근 시간, 남성들로 붐비는 바. 카운터에 자리가 나면 재빨리 양보해주는 이탈리아의 신사들.

기본 레시피

스펀지케이크 반죽

PAN DI SPAGNA
/ 판 디 스파냐

판 디 스파냐는 본래 달걀노른자와 달걀흰자를 각각 따로 거품을 내 섞지만 이 책에서는 다양한 과자의 베이스로 사용할 수 있도록 달걀노른자와 흰자를 함께 섞어 거품을 내는 방식을 채용했다. 전분을 넣어 더 가볍고 시럽을 흡수하기 좋은 반죽으로 만들었다.

재료(350g 분량·지름 20㎝의 원형 틀 / 1개분)

달걀(실온 상태)……4개
그래뉴당……120 g
박력분……80 g
전분……40 g

레시피

1 볼에 달걀을 넣고 그래뉴당을 수회에 나눠 넣으며 믹서로 섞는다.
2 되직해지면 한데 섞어 체 친 박력분과 전분을 넣고 주걱으로 부드러워질 때까지 잘 섞는다.
3 유산지를 깐 틀에 붓고 180℃로 예열한 오븐에서 20~25분간 굽는다.

이 반죽을 사용하는 과자

폴렌타 에 오제→P46
주코토→P114
주파 잉글레제→P117
카사타 시칠리아나→P196

타르트 반죽

PASTA FROLLA
/ 파스타 프롤라

실온 상태의 부드러운 버터에 설탕, 달걀, 밀가루를 차례로 넣고 반죽하는 방법이 일반적이지만 이탈리아에서는 더 바삭한 식감을 내기 위해 차게 식혀둔 버터와 밀가루를 섞는 경우가 많다. 같은 분량으로 앞의 일반적인 방법으로 반죽하면, 촉촉한 반죽을 만들 수 있다.

재료(약 500g 분량)

박력분……250 g
분당(또는 그래뉴당)……100 g
버터(1㎝ 정도로 썰어 차게 식힌다.)……125 g
달걀노른자……2개분

레시피

1 볼에 박력분을 넣고 1㎝ 정도로 썰어 차게 식힌 버터를 넣는다. 버터가 녹지 않도록 손가락으로 비비듯이 빠르게 섞는다.
2 분당을 넣고 손으로 가볍게 섞은 후 달걀노른자를 넣고 한 덩어리로 뭉친다.
3 랩을 씌워 냉장고에 넣고 1시간 휴지시킨다.

*냉장고에서 3~4일, 냉동실에서 1개월간 보존 가능. 냉동한 경우, 냉장실에서 자연 해동한 후 가볍게 치대 사용한다.

이 반죽을 사용하는 과자

토르타 디 탈리아텔레→P56
파스티에라→P148

ARTICOLO

판 디 스파냐와 파스타 제노베제의 차이

이탈리아에는 주로 2종류의 스펀지케이크 반죽이 있다. 위에서 소개한 판 디 스파냐는 '스페인의 빵'이라는 뜻으로, 제노바의 과자 장인이 스페인 왕가를 위해 만들었던 것에서 유래했다. 달걀노른자와 흰자는 각각 따로 거품을 내 섞고, 버터가 들어가지 않아 가볍고 바삭한 식감의 반죽이 완성된다. 한편, 파스타 제노베제는 '제노바풍의 반죽'이라는 뜻으로, 제노바의 과자 장인이 달걀노른자와 흰자를 함께 거품을 내 섞고 녹인 버터를 넣어 만들었기 때문에 이런 이름이 붙었다. 촉촉한 식감을 즐길 수 있다는 장점이 있다. 요즘은 이 책에서 소개한 것처럼 두 반죽의 장점을 합친 레시피가 많지만 전통적인 과자점에서는 과자에 따라 반죽 방법을 달리하는 곳도 많다.

슈 반죽

PASTA BIGNE'
/ 파스타 비네

오븐에서 노릇하게 구우면 가벼운 식감, 기름에 튀기면 폭신한 식감을 즐길 수 있다. 파스타 슈(Pasta choux)라고도 한다. 다양한 크림을 채운 미니 슈는 1970~80년대 이후 등장해 인기를 누리고 있다.

재료(약 700g 분량)

버터……100 g
소금……2 g
그래뉴당……5 g
물……250㎖
박력분……150 g
달걀(전란)……4~5개

레시피

1 냄비에 버터, 소금, 그래뉴당, 분량의 물을 넣고 중불에 올려 버터를 녹인다.
2 불에서 내려 박력분을 한꺼번에 넣고 주걱으로 이기듯 잘 섞어 하나로 뭉친다.
3 다시 중불에 올려 주걱으로 이기듯 섞고 냄비 바닥에 하얀 막이 생기기 시작하면 볼에 옮겨 담는다.
4 달걀을 1개씩 넣으며 그때마다 반죽에 잘 어우러지도록 주걱으로 섞는다.

이 반죽을 사용하는 과자

제폴레 디 산 주세페→P153
스폰차 디 산 주세페→P188

커스터드 크림

CREMA PASTICCERA
/ 크레마 파스티체라

다양한 생과자의 베이스로 사용되는 크림. 기포가 올라올 때 바로 트레이에 옮기면 부드러운 크림으로, 충분히 끓이면 되직한 크림이 완성된다. 용도에 따라 점성을 조절한다. 이탈리아인들은 되직한 크림을 좋아하는 사람이 많다.

재료(약 350g 분량)

달걀노른자……40 g
그래뉴당……50 g
박력분……20 g
우유……250㎖
레몬 껍질……1/4개분

레시피

1 냄비에 우유, 레몬 껍질을 넣고 끓기 직전까지 가열한다.
2 다른 냄비에 달걀노른자와 그래뉴당을 넣고 거품기로 하얗게 될 때까지 섞은 후 박력분을 넣고 잘 풀어지도록 섞는다.
3 1에서 레몬 껍질을 꺼내고 거품기로 섞으며 2에 조금씩 넣는다.
4 3의 냄비를 약불에 올려 거품기로 섞는다. 냄비 바닥에서부터 기포가 올라오고, 표면에 광택이 나기 시작하면 불에서 내려 트레이에 붓고 그대로 식힌다. 바로 사용하지 않을 경우는 크림 표면에 랩을 밀착시켜 씌운 후 냉장실에 넣는다.

*냉장실에서 이틀 정도 보존 가능. 사용할 때는 주걱으로 잘 섞어 사용한다.

이 크림을 사용하는 과자

주파 잉글레제→P117
제폴레 디 산 주세페→P153
파스티초토 레체제→P160
테테 델레 모나케→P166

리코타 크림

CREMA DI RICOTTA
/ 크레마 디 리코타

이탈리아에서는 양젖의 잡내를 없애는 의미에서도 리코타의 40~50% 분량의 그래뉴당을 넣어 단맛을 강하게 한다. 이 책에서 사용한 리코타는 우유로 만든 것이라 그래뉴당의 양을 20%로 줄였다.

재료(240g 분량)
리코타……200 g
그래뉴당……40 g

레시피
1 리코타를 체에 걸러 볼에 넣는다.
2 그래뉴당을 넣고 거품기로 부드러워질 때까지 잘 섞는다.

이 크림을 사용하는 과자
네치→P116
스브리촐라타→P176
스핀차 디 산 주세페→P188
칸놀리→P190
바치 디 판텔레리아→P192
카사타 시칠리아나→P196
쿠차→P200

마지팬 반죽

PASTA DI MANDORLA/MARZAPANE
/ 파스타 디 만돌라(마르자파네)

전통적인 마지팬은 보존 과자용으로 사용하기 위해 열을 가해 만들지만 최근에는 생과자에 사용하기 위해 간략화된 레시피를 사용하는 경우도 많다. 생과자용 마지팬은 열을 가하지 않고 반죽을 부드럽게 만들기 위해 분당을 넣는다.

A 생과자용

재료(약 250g 분량)
아몬드파우더……125 g　분당……125 g
달걀흰자……30 g
비터 아몬드 에센스……3방울 정도

레시피
1 아몬드파우더와 분당을 푸드 프로세서에 넣고 곱게 간다.
2 푸드 프로세서에 달걀흰자를 조금씩 넣으며 한 덩어리로 뭉쳐지면 반죽을 꺼내 아몬드 에센스를 넣고 가볍게 치댄다.
*냉장고에서 일주일간 보존 가능

이 반죽을 사용하는 과자
폴렌타 에 오제→P46　카사타 시칠리아나→P196

B 보존과자용

재료(약 500g 분량)
아몬드파우더……250 g　그래뉴당……250 g
물……65ml
비터 아몬드 에센스……1방울 정도
분당……적당량

레시피
1 아몬드파우더를 푸드 프로세서에 넣고 곱게 간다.
2 냄비에 그래뉴당, 분량의 물을 넣고 중불에 올려 210℃가 될 때까지 가열한다.
3 1을 넣고 주걱으로 잘 섞는다. 하나로 뭉쳐지면 분당을 듬뿍 뿌린 작업대에 올려놓고 아몬드 에센스를 넣어 주걱으로 치댄다.
4 손으로 만질 수 있을 정도로 식으면, 손으로 부드러워질 때까지 치대며 식힌다.
*상온에서 한 달간 보존 가능

이 반죽을 사용하는 과자
프루타 마르토라나→P204
아넬로 파스콸레→P206

그 밖의 반죽과 크림

파스타 스폴리아
PASTA SFOGLIA

박력분과 물로 치댄 반죽에 버터를 넣고 여러 번 늘였다 접어서 얇은 층을 만든 반죽. 흔히, 파이 반죽을 뜻한다. 스폴리아는 '얇다'라는 의미이다. 이탈리아 과자에 사용되는 기본 반죽 중 하나로, 공정이 길다보니 가정에서는 잘 만들지 않는다. 구워낸 반죽에 크림을 바른 밀레폴리에(밀푀유)나 반죽 위에 사과 등의 과일을 얹어 구운 파이 등에 사용한다.

이 반죽을 사용하는 과자
프레스니츠→P94

파스타 비올라다
PASTA VIOLADA

세몰리나 밀가루와 라드를 손가락으로 비비듯이 섞어 물을 넣고 뭉친 반죽. 사르데냐 섬에서는 라드 대신 올리브유를 사용하는 경우도 많으며 더 가벼운 식감의 반죽을 만들 수 있다. 당분이 들어가지 않기 때문에 과자뿐 아니라 요리에도 사용된다. 기본 재료는 같지만, 만드는 과자에 따라 재료의 배합이 조금씩 달라진다.

이 반죽을 사용하는 과자
파르둘라스→P210
카스케타스→P214
세아다스→P216

파스타 마타
PASTA MATTA

박력분, 올리브유, 물, 소금으로 만든 반죽. 마타는 '독특하다'는 의미로, 보통 과자에 사용하는 반죽과 달리 버터가 들어가지 않기 때문에 이런 이름이 붙여졌다. 설탕을 넣지 않아 햄이나 치즈를 넣고 말아서 굽는 등의 요리에도 사용된다. 스트루델은 원래 이 파스타 마타를 사용하지만 이 책에서는 풍미를 좋게 하기 위해 달걀을 넣었다.

이 반죽을 사용하는 과자
스트루델→P82

크레마 알 부로
CREMA AL BURRO

부드러운 버터에 분당과 머랭을 넣는다. 시럽을 넣은 이탈리안 머랭을 넣기도 하고 머랭을 넣지 않기도 하는 등 다양한 레시피가 있다. 초콜릿이나 헤이즐넛 크림을 섞어 사용하는 경우가 많고, 스펀지케이크에 바르거나 케이크 코팅용으로도 사용한다.

이 크림을 사용하는 과자
폴렌타 에 오제→P46

크레마 디플로마티카
CREMA DIPLOMATICA

커스터드 크림에 끝이 살짝 휘어질 정도로 거품을 낸 생크림을 동량의 비율로 넣고 섞은 크림. 커스터드를 거품기로 잘 섞어 생크림과 비슷한 농도로 만들면 비교적 쉽게 섞을 수 있다. 비녜(→P223)에 채우거나 비스코티를 곁들여 스푼 과자로 즐기기도 한다. 스펀지케이크에 바르는 경우, 커스터드의 양을 늘려 조금 더 단단하게 만들면 보형성이 좋아진다. 전통 과자에는 등장하지 않기 때문에 이 책에서 다루진 않았지만 현대 과자에는 널리 사용되는 크림이다.

재료에 대하여

밀가루

국내에서는 밀가루를 분류할 때 단백질(물과 합쳐져 글루텐을 형성한다) 함유량이 적은 순으로 박력분, 중력분, 강력분으로 나누지만 이탈리아의 밀가루는 단백질 함유량이 아닌 '연질 소맥'과 '경질 소맥'으로 크게 구분한다.

연질 소맥

주로 기온이 낮고 강수량이 많아 습도가 높은 북부 지역에서 재배된다. 낟알이 비교적 부드럽다. 과자, 생파스타, 빵 등에 널리 쓰인다. 함유된 회분* 함유량에 따라 '00(>0.55%)', '0(>0.65%)', '1(>0.80%)', '2(>0.95%)', 'integrale(인테글라레=전립분≒1.7%)'로 나뉜다. 회분 함유량이 높아질수록 입자가 굵고 단백질 함유량도 높다. 박력분은 이탈리아의 '00'에 해당되며 일반적으로 '00'은 과자에, '0'은 발효 과자나 빵에 사용하는 경우가 많다.

*소맥을 태웠을 때 남는 재의 양. 회분은 소맥의 바깥쪽으로 갈수록 많이 함유되어 있으며 반대로 안쪽은 적다. 겉껍질과 배아 부분에도 많이 함유되어 있으며, 회분이 많이 함유된 가루는 회색을 띤다.

경질 소맥

기온이 높고 강수량이 적어 건조한 남부 지역에서 재배된다. 연질 소맥에 비해 낟알이 단단하다. 이탈리아에서는 2번 빻아 입자가 고운 것을 '세몰라 리마치나타(semola rimacinata)', 그보다 약간 굵은 것을 '세몰리노(semolino)' 또는 '세몰라(semola)'라고 부른다. 경질 소맥은 일반적으로 유통되는 연질 소맥보다 단백질 함유량이 많고 노란빛을 띤다. 건조 파스타, 생파스타, 빵 그리고 남이탈리아의 전통 과자에도 사용된다. 국내에서 유통되는 '세몰리나 밀가루'는 이탈리아의 세몰라 리마치나타(A)와 세몰리노의 중간 정도라고 생각하면 된다. 최대한 현지의 맛을 재현하고 싶다면 전문점이나 인터넷 쇼핑몰 등에서 세몰라 리마치나타를 구입하면 된다.

마니토바 밀가루 B

단백질 함유량이 많은 품종의 연질 소맥으로 만든 밀가루. 주로 빵을 만들 때 사용한다. 캐나다의 마니토바라는 지역에서 생산된다. 강력분으로 대용 가능.

옥수수가루

말린 옥수수를 제분기로 빻아서 만든 가루. 주로 북부 지방에서 사용되는데 소맥 대신 추위에 강한 옥수수 재배가 왕성했기 때문이다. 롬바르디아나 베네토에서는 과자에도 빈번히 사용되며 입자가 굵고 가열 시간이 길기 때문에 입안에서 톡톡거리는 특유의 식감을 즐길 수 있다. 전통적으로는 굵게 빻은 조분(粗粉, C)이 사용되지만 요즘은 곱게 빻은 세분(細粉, D)도 있다.

메밀가루 E

땅이 척박해서 소맥 재배가 어려운 롬바르디아부터 트렌티노 알토 아디제에 걸친 알프스 산맥 기슭의 한랭지에서 재배된다. 최근에는 글루텐 프리 식품으로도 주목받고 있다. 국산 메밀가루로 대용 가능.

밤 가루 F

피에몬테부터 토스카나에 걸쳐 남북으로 길게 뻗어 있는 아페닌 산맥 지역에서 주로 사용된다. 수확한 밤의 겉껍질을 제거하고 말려 곱게 빻아 가루로 만든 것으로, 밤 수확철인 가을에 판매되는데 생산량이 적어 금방 품절되기도 한다. 가루 자체에 은근한 단맛이 있으며 과자를 만들어 구워내면 특유의 쫀득한 식감을 즐길 수 있다.

아몬드가루 G·피스타치오가루 H

아몬드는 남부(특히 시칠리아 섬) 지방, 피스타치오는 특히 시칠리아 섬 동부의 브론테에서 수확되며 각각 껍질을 벗겨 분쇄한다. 아몬드가루는 오늘날 이탈리아 전역에서 사용된다. 피스타치오가루를 구하기 어렵다면, 껍질을 벗긴 피스타치오를 푸드 프로세서로 곱게 갈아 사용하면 된다.

소맥류

남이탈리아에서는 경질 소맥을 빻지 않고 그대로 삶아 사용하는 경우도 많다. 경질 소맥은 물에 불리는 데만 사흘 정도가 걸리기 때문에 이탈리아의 슈퍼마켓에서는 '그라노 코토'라고 불리는 익힌 경질 소맥을 판매한다. 국내에서도 전문점 등에서 구입할 수 있지만 보리 등을 부드럽게 삶아 대용할 수 있다.

감미료

일반적으로 과자에는 그래뉴당, 장식에는 분당을 사용한다. 특히, 필링에는 일찍이 전통 과자에 단맛을 낼 때 사용해온 꿀이나 포도즙을 졸인 빈코토(모스코토, 사파라고도 불린다)가 주로 사용된다. 꿀은 이탈리아 전역에서 생산되는데 북부라면 아카시아 꿀, 남부라면 오렌지 꽃에서 채취한 꿀이 무난하게 사용하기 좋다.

달걀

이탈리아에서는 달걀 포장에 사육 환경과 크기에 따른 분류를 표시할 의무가 있다. 사육 환경에 따른 분류는 '0' = 방사해 키우고 유기 농작물을 먹이로 사용, '1' = 방사, '2' = 옥내에 있는 대형 양계장에서 사육, '3' = 닭장에서 사육과 같이 4가지로 나뉜다. 크기에 따른 분류는 'XL' = 73g 이상, 'L' = 63g 이상, 'M' = 53g 이상, 'S' = 53g 이하로 표시된다. 일반적으로 슈퍼마켓 등에 유통되는 것은 1~3의 M~L 사이즈. 이 책에서는 M 사이즈를 사용했다.

우유·생크림

이탈리아의 우유는 상온에서 3개월간 보존이 가능한 '초고온 순간 살균(UHT)' 장기 보존 우유와 포장 후 1주일 정도 냉장 보존이 유통 기한인 '고온 단시간 살균(HTST)' 우유로 나뉜다. 또 각각은 유지방 함유량에 따라 3.5% 이상의 전지방(intero), 1.5~1.8%의 저지방(parziarmente scremato), 0.5% 이하의 무지방(scremato)으로 분류된다. 냉장 보존 우유는 유통 기한이 짧기 때문에 일반적으로 가정에서 사용하는 경우는 상온 보존이 가능한 장기 보존 우유를 선호하는 사람이 많다. 최근에는 저지방 우유를 선호하는 가정도 많지만 과자점에서는 전지방을 사용하는 경우가 많다. 슈퍼마켓 등에서 살 수 있는 생크림의 유지방 함량은 35% 정도. 이탈리아에는 유당불내증이 있는 사람이 많기 때문에 우유나 생크림 모두 유당을 제거한 제품(senza lattosio)이 일반적으로 판매된다.

유지

동물성 유지

이탈리아의 버터는 기본적으로 소금을 넣지 않은 무염으로, 이 책에서도 무염 버터를 사용했다. 남부에서는 라드를 과자에 사용하는 경우가 많다. 라드는 돼지기름을 끓여 녹인 후 수분을 증발시켜 다시 굳힌 것으로 이탈리아에서는 슈퍼마켓에서 손쉽게 구할 수 있다. 라드를 넣으면 더욱 바삭한 식감을 낼 수 있어 인기가 높다. 튀김유로도 사용한다.

식물성 유지

과자에 사용되는 식물성 유지는 올리브유로, 특히 남부에서 널리 사용한다. 튀김유는 전통적으로 올리브유를 많이 사용하지만 요즘은 가벼운 식감을 내기 위해 피넛오일, 옥수수유, 해바라기씨유 등도 사용된다. 샐러드유로 대용 가능.

과일

기후가 따뜻한 남부 지역에서 재배되는 레몬이나 오렌지 등의 감귤류는 이탈리아 전역에서 널리 사용된다. 당절임한 것을 주로 사용하며 껍질을 갈아서 만든 제스트는 향을 내는 용도로 사용한다. 감귤류는 겨울에 수확해 마르멜라타(마멀레이드)로 만들어 보존한다. 북부 지역에서는 사과, 베리류, 살구 등을 제철 과일로 그대로 사용하거나 잼이나 콩포트로 만들어 사용한다.

과일 당절임·건과일

오렌지, 레몬, 시트론(흰색의 과피 부분이 많은 커다란 레몬), 주카(오이와 비슷한 과일), 드레인 체리 등의 과일 당절임은 크리스마스 과자에 빠지지 않는다. 건과일은 포도와 무화과가 주로 사용된다. 또 이 책의 레시피에서 주로 사용된 '오렌지 또는 레몬 당절임'은 일본에서도 구할 수 있는 '오렌지(또는 레몬) 필'과 동일한 것이지만 이탈리아에서는 덩어리째 판매된다. 오렌지(또는 레몬) 필로 대용할 수 있지만 과자에 따라 자르는 방법이 다르기 때문에 이 책에서는 '당절임'으로 통일했다.

치즈류

리코타 A

과자에 사용되는 대표적인 치즈. 리(Re, 다시), 코타(cotta, 끓였다)는 이름 그대로 치즈를 만든 후 남은 유청을 다시 끓여 응고제를 넣고 굳힌 것을 말한다. 편의상 치즈로 분류하지만 정확히는 치즈가 아니라 치즈의 부산물이다. 남부에서 양젖 리코타가 주로 사용되는 것은 아랍인에 의해 목양 문화가 전해졌기 때문이다.

마스카포네 B

생크림을 가열해 구연산을 넣고 수분과 지방분을 분리시킨 것. 지방 함량이 높고 부드러워 티라미수 등의 생과자에 사용된다.

페코리노 C

양(pecora=페코라)의 젖으로 만든 치즈. 보통은 요리에 사용되지만 주로 중부~남이탈리아에서는 과자에 사용하기도 한다. 약 10일 정도 숙성해 단단해지지 않은 신선한 프리모 살레가 비교적 구입하기 쉽다. 분말 타입(D)은 6개월 이상 숙성된 것을 사용하거나 페코리노를 구할 수 없다면 파르미지아노나 그라나 파다노 치즈로 대용도 가능하다.

견과류

아몬드

견과류 중에서도 가장 사용 빈도가 높다. 과자에 사용되는 생 아몬드는 껍질을 벗기지 않은 것(A)과 껍질을 벗긴 것(B), 2종류로 나뉜다. 껍질을 벗긴 아몬드를 구하기 어려운 경우에는, 껍질을 벗기지 않은 생 아몬드를 뜨거운 물에 20분 정도 담가 껍질을 벗겨 사용한다. 이 책의 레시피에 사용되는 구운 아몬드는 180℃의 오븐에서 10분 정도 굽거나 시판용 구운 아몬드를 사용하면 확실히 풍미가 좋은 과자가 완성된다. 시칠리아산 아몬드가 향이 좋고 맛도 진하다.

헤이즐넛 C

이탈리아 중북부 특히, 피에몬테에서 주로 사용된다. 이탈리아에서는 피에몬테 산이 양질의 헤이즐넛으로 평가받는다. 이 책의 레시피에서는 껍질을 벗긴 생 헤이즐넛을 사용했다. 구워서 사용할 경우, 160℃의 오븐에서 10분 정도 굽는데 유지 함량이 높기 때문에 타지 않도록 주의해야 한다.

호두 D·잣 E·피스타치오 F

이탈리아 전역의 구릉지대와 산에서 수확되지만, 피스타치오는 시칠리아가 주요 생산지이다. 과자에는 제과 재료점에서 구할 수 있는 굽지 않은 것을 사용한다.

전분질

옥수수에서 얻을 수 있는 옥수수 전분, 감자에서 얻는 페콜라 디 파타테(감자 전분)가 일반적. 각각의 성질이 다르며 소량을 사용하는 경우에는 대용이 가능하지만 많은 양을 사용할 경우에는 식감이 크게 달라질 수 있다. 남부에서는 소맥에서 얻는 소맥 전분을 주로 사용하며 응고되면 특유의 쫀득한 식감을 즐길 수 있다. 소맥 전분을 구할 수 없는 경우는 옥수수 전분으로 대용 가능하다.

팽창제·이스트

과자를 만들 때는 보통 베이킹파우더(이탈리아에서는 'lievito per dolci')를 사용한다. 남부에서는 특히, 비스코티를 만들 때 암모니아카라고 불리는 중탄산암모늄을 주로 사용한다. 이탈리아에서는 발효 과자에 맥주 효모가 많이 사용되는데, 생 이스트로도 대용 가능하다.

알코올

각각의 과자가 탄생한 지역에서 생산되는 리큐어나 와인이 사용된다. 북부에서는 그라파, 중부에서는 알케르메스, 남부에서는 리몬첼로를 주로 사용한다. 와인이 생산되는 지역에서는 그 지역에서 양조된 와인을 사용한 레시피도 많아 지역만의 풍미가 과자에도 반영된다. 이탈리아 전역에서 널리 쓰이는 것은 마르살라 와인과 럼주이며 그 밖에도 아마레토, 아니스 리큐어, 모스카토 등이 있다.

향신료

시나몬, 클로브, 넛맥은 주로 크리스마스 과자에 쓰이며 그 밖에도 아니스 씨, 펜넬 씨, 참깨, 후추가 주로 사용된다. 아랍의 지배와 동방무역이 활발한 지역이었기 때문에 향신료를 사용하는 과자가 많다. 바닐라 빈은 구하기도 어렵고 비싸기 때문에 보통은 바닐라파우더나 바닐라 에센스가 주로 사용되지만 과자점에서는 바닐라 빈을 사용하는 곳도 많다.

에센스류

주로 사용되는 것은 비터 아몬드 에센스, 바닐라 에센스, 오렌지 플라워 워터이다. 오렌지 꽃에서 추출한 오렌지 플라워 워터는 남이탈리아의 과자에 많이 사용된다. 제과 재료점에서 오렌지 플라워 에센스 등의 이름으로 판매된다.

초콜릿·코코아파우더

이탈리아에서는 초콜라토 폰덴테(cioccolato fondente)라는 비터 초콜릿을 사용한다. 카카오 함유량은 70% 이상이 적합하다. 코코아파우더는 이탈리아어로 '카카오 인 폴베레(cacao in polvere)'라고 하며, 설탕을 섞지 않은 무가당 제품을 사용한다.

빵가루

이탈리아에는 2가지 종류의 빵가루가 있다. 빵의 가장자리 부분을 중심으로 충분히 건조시켜 곱게 갈아낸 '판 그라타토(pan grattato)'와 희고 부드러운 부분을 갈아낸(흔히, 생 빵가루라고 부르는) '몰리카(mollica)'이다. 과자에는 주로 판 그라타토를 사용하며, 구하기 어려운 경우에는 생 빵가루를 프라이팬에 가볍게 볶은 후 푸드 프로세서로 곱게 갈아서 사용할 수 있다.

장식

컬러 스프링클은 남이탈리아의 축하용 과자 장식에 빠지지 않고 등장한다. 실버 스프링클은 사용 빈도가 높지 않지만 결혼식 과자를 만들 때 사용한다. 펄 슈거는 와플 슈거라고도 불리며 이탈리아에는 가늘고 길쭉한 형태가 많지만 둥근 형태로 대용 가능하다.

분말 색소

주로 마지팬 과자에 사용된다. 다양한 색상의 분말 색소가 판매되고 있지만 빨강, 파랑, 노랑의 3가지 색을 조합해 원하는 색으로 만들면 된다.

이탈리아의 과자 용어

DOLCE / 돌체

'달콤한 것'을 뜻하는, 과자의 총칭. 과자의 세계에서는 '달콤한 과자'를 가리키며 '달다'라는 미각을 표현할 때에도 사용된다.

DESSERT / 디세르

식후에 먹는 디저트. '식탁을 치우다'라는 의미의 프랑스어 디셀비르(desservir)가 어원. 이탈리아에서는 식후에 먹는 과일은 디저트라고 하지 않으며 과일 또는 견과류(호두나 헤이즐넛 등)를 먹은 후에 다른 디저트를 먹는 관습이 있다. 식후에는 카페(에스프레소) 또는 식후주를 마시며 카푸치노 등의 유제품이 들어간 음료는 마시지 않는다. 또 에스프레소나 식후주는 디저트와 함께 즐기는 것이 아니라 디저트를 다 먹은 후에 나온다.

BISCOTTI / 비스코티

비스(두 번), 코티(굽는다)는 의미로 엄밀히 말하면, 칸투치(→P111)과 같이 2번 구운 것을 가리키지만 현재는 쿠키와 같은 작은 구움 과자까지 포함해 총칭하는 경우가 많으며 2번 굽지 않은 것도 포함된다.

TORTA / 토르타

구움 과자 전반을 가리키지만 기본적으로는 밀가루, 버터, 설탕, 달걀을 기본으로 그 밖의 부재료를 넣고 원형으로 구워낸 과자를 토르타라고 부른다. 타르트 반죽의 유무에 관계없이 구워낸 반죽을 얇게 잘라 크림을 바른 케이크 같은 것도 포함된다.

CROSTATA / 크로스타타

흔히 '타르트'라고 부르는 과자. 틀에 타르트 반죽을 깔고 잼, 마멀레이드, 크림 등을 얹은 후 그 위에 가늘고 길게 자른 타르트 반죽을 격자 모양으로 장식해 구워낸 것. 이탈리아 전역의 가정에서 만드는 대표적인 과자이다.

MIGNON / 미뇽

한 입 크기의 작은 생과자. 과거에는 과자를 큼직하게 구워 잘라 먹었지만 1960년대 이후 미뇽이 등장하면서 다양한 종류의 과자를 조금씩 즐길 수 있어 큰 인기를 끌면서 과자점 진열대의 대부분을 차지하게 되었다. 포장할 때는 종이로 만든 바소이오(vassoio, 트레이)에 미뇽을 담아준다.

DOLCE AL FORNO / 돌체 알 포르노

'포르노'는 오븐이라는 뜻으로 구움 과자의 총칭. 과거 빵집에서 장작 가마에 과자를 구웠기 때문에 이런 이름으로 불린 것으로 지금도 빵집에는 비스코티 등의 과자가 판매된다.

DOLCI FRITT / 돌치 프리티

튀긴 과자의 총칭. 카니발 시즌에는 이탈리아 각지에서 다양한 튀긴 과자가 등장하는데 이것은 절식 기간 전에 충분한 영양을 섭취하기 위해서였다. 가정에서 많이 만들었는데 장작 가마를 사용하던 과거에는 구움 과자를 만들려면 장작을 지펴야 했기 때문에 더 간단한 튀긴 과자를 만들었던 것이다. 과거에는 튀김유로 올리브유나 라드를 사용했지만 현재는 옥수수유, 해바라기씨유 등 단일 식물종에서 얻은 기름이 주로 사용된다. 최근에는 바삭하고 가벼운 식감을 내는 피넛 오일이 인기가 높다.

GELATI E SORBETTI / 젤라토와 소르베티

젤라토는 우유, 생크림, 달걀 등의 유지분을 넣고 기계 등으로 일정 시간 휘저어 공기를 포함시켜 만든 것으로 -15℃ 정도에서 보존한다. 한편, 소르베티는 유지분을 넣지 않고 시럽, 과일을 베이스로 만들어 냉동한 것이다. 딱딱하게 굳지 않도록 마르살라 와인 등의 알코올 도수가 높은 주정 강화 와인을 넣기도 한다.

SPUNTINO / 스푼티노
MERENDA / 메렌다

스푼티노는 오후에 어른들이 먹는 간식을 말한다. '자발적인'이라는 의미의 스폰타네오(spontaneo)에서 유래한 이름으로, 자발적으로 먹는 간식을 가리킨다. 한편, 메렌다는 어른들이 아이에게 먹이는 간식으로, 슈퍼마켓 등에서 포장되어 판매하는 과자나 빵집에서 파는 달콤한 빵을 가리키는 경우가 많다.

CIAMBELLA / 참벨라

중앙에 구멍이 뚫린 도넛 형태의 과자. 작은 비스코티부터 커다란 구움 과자까지 다양하다. 크기가 큰 것은 토르타라고 부르기도 한다.

RIPIENO / 리피에노

반죽에 채우는 필링을 가리킨다. 빵가루, 남은 비스코티, 견과류 등이 사용된다. 각각의 지역에서 나는 특산품이 주로 사용되기 때문에 지역의 특징이 잘 드러난다.

PASTICCERIA / 파스티체리아

과자 전문점. '반죽'을 뜻하는 파스타(pasta)가 어원으로 돌체리아(dolceria)라고 부르기도 한다. 이탈리아에는 과자만 판매하는 파스티체리아와 바의 기능을 겸한 바·파스티체리아가 있다. 그 밖의 전문점으로 젤라테리아(gelateria, 젤라토 전문점), 초콜라테리아(cioccolateria, 초콜릿 전문점), 크레페리아(creperia, 크레이프 전문점), 콘페테리아(confetteria, 콘페티 전문점) 등이 있다.

과자에 관련된 이탈리아어 조견표

이탈리아어	읽는 법	우리말
farina	파리나	밀가루
farina 00	파리나 00	박력분
semola rimacinata	세몰라 리마치나타	세분(細紛) 세몰리나 밀가루
grano tenero	그라노 테네로	연질 소맥
grano duro	그라노 두로	경질 소맥
farro	파로	스펠트밀
farina di grano saraceno	파리나 디 그라노 사라체노	메밀가루
farina di castagne	파리나 디 카스타녜	밤가루
farina di mais	파리나 디 마이스	옥수수가루
amido di mais	아미도 디 마이스	옥수수 전분
fecola di patate	페콜라 디 파타테	감자 전분
amido di grano	아미도 디 그라노	소맥 전분
lievito per dolci	리에비토 페 돌치	베이킹파우더
lievito di birra	리에비토 디 비라	맥주 효모
acqua	아쿠아	물
sale	살레	소금
zucchero semolato	주케로 세몰라토	그래뉴당
zucchero a velo	주케로 아 벨로	분당
miele	미엘레	꿀
latte	라테	우유
panna	판나	생크림
burro	부로	버터
olio d'oliva	올리오 돌리바	올리브유
olio di semi	올리오 디 세미	샐러드유
uova	워바	달걀
ricotta	리코타	리코타 치즈
mascarpone	마스카포네	마스카포네 치즈
pecorino	페코리노	페코리노 치즈
pecorino grattugiato	페코리노 그라투자토	페코리노 치즈 분말
mandorla	만돌라	아몬드
noce	노체	호두
nocciola	노촐라	헤이즐넛
pinoli	피놀리	잣
pistacchio	피스타키오	피스타치오
marzapane	마르자파네	마지팬
arancia	아란차	오렌지
limone	리모네	레몬
cedro	체드로	시트론
ciliegia	칠리에자	체리
mela	멜라	사과
uva secca	우바 세카	건포도
fichi secchi	피키 세키	건무화과
frutta candita	프루타 칸디타	과일 당절임
cannella	카넬라	시나몬
chiodo di garofano	키아도 디 가로파노	클로브(정향)
noce moscata	노체 모스카타	넛맥
semi di anice	세미 디 아니체	아니스 씨
semi di finocchio	세미 디 피노키오	펜넬 씨
alloro	알롤로	월계수
zafferano	자페라노	사프란
sesamo	세자모	참깨
pepe	페페	후추
vaniglia	바닐리아	바닐라
essenza di fiori d'arancia	에센자 디 피오리 다란차	오렌지 플라워 워터
essenza di mamdorla amara	에센자 디 만돌라 아마라	비터 아몬드 에센스
cioccolato	초콜라토	초콜릿
cioccolata calda	초콜라타 칼다	핫 초콜릿
mollica di pane	몰리카 디 파네	생 빵가루
pangrattato	판그라토	세분(細紛) 빵가루

색인

타

파

알파벳순 색인

* BC = 기원전

고대 그리스 / 에트루리아 시대

오늘날 돌체의 기초가 된 과자의 등장

고대 이집트 시대(BC 30세기~BC 1세기)에 탄생한 빵과 같은 음식이 '신에게 바치는 음식'으로 보다 과자에 가까운 형태로 발전한다.

BC 8세기~BC 1세기

- 프루스팅고→P128
- 카르텔라테→P167
- 피탄큐자(원형)→P168

고대 로마 제국 시대

빵과 과자가 구분되고, 과자 제조 기술이 향상

튀긴 과자를 부풀리는 발효 기술이 탄생하고, 그때까지 고급 음식이었던 과자가 일반 서민층에도 퍼졌다.

BC 736~BC 480년

- 키아켈레→P45
- 프리텔레→P72
- 마리토초→P136
- 페라텔레→P158

아랍에 의한 시칠리아 통치(9세기)

시칠리아에 설탕, 향신료, 감귤류 등이 도래

아랍인에 의해 새로운 식재료가 들어오면서 시칠리아에 새로운 과자 문화가 탄생했다. 빙과의 원형이 된 그라니타(→P199)도 전해졌다.

827~1130년

- 아마레티(원형)→P24
- 칸놀리→P190
- 카사타 시칠리아나(원형)→P196
- 젤로→P198
- 비앙코 만자레→P201
- 토로네→P207

중세 성기(11~13세기)

수도원 과자의 발전

가톨릭 권력의 강대화로, 수도원에서 축제용 과자 만들기가 활발해졌다. 십자군의 원정, 동방무역의 영향으로 향신료와 감귤류 등이 동방으로부터 이탈리아로 들어왔다.

11세기

- 카네스트렐리→P30
- 리차렐리→P110
- 미리아초 돌체→P142

12세기

- 카사타 시칠리아나가 현재의 형태로
- 프루타 마르토라나→P204

13세기

- 체르토지노→P62
- 바이콜리→P67

르네상스기(14~15세기)

이탈리아 귀족의 대두로 화려한 궁정 과자가 탄생

메디치 가문[*1], 사보이아 가문[*2]과 같은 외국 왕가와의 교류가 빈번해지면서 만찬회용으로 만들어진 궁정 과자. 남티롤(트렌티노 알토 아디제 주)이 오스트리아의 합스부르크 가문의 지배를 받게 되면서 오스트리아 유래의 과자가 전해졌다.

14세기
- 사보이아르디[*2]→P22
- 쿠스쿠스 돌체→P202

15세기
현대의 요리와도 관련이 깊은 이탈리아 최초의 요리서 등장
- 자바이오네[*2]→P22
- 오펠레 만토바네→P38
- 토르타 디 리소→P54
- 부솔라 비첸티노→P68
- 카네델리 돌치→P88
- 구바나(1409년→P92)

근세(16~19세기 전반)

카카오를 사용한 과자의 등장, 설탕이 서민층에도 보급

16세기 초, 스페인인에 의한 신대륙 발견을 계기로 시칠리아, 피에몬테에 카카오가 전해졌다. 아메리카 대륙에서 설탕 플랜테이션이 성공해 서민층에도 설탕이 보급되었다.

16세기
냉동 기술이 탄생
- 마지코트→P42
- 팜파파토→P58
- 주코토[*1]→P114
- 주파 잉글레제[*1]→P117

17세기
현재와 같은 형태의 젤라토 탄생,
튀르키예에서 베네치아에 커피가 전해졌다.
- 보네→P24
- 젤텐→P78
- 스폴리아텔라→P146
- 음파나티기→P180

18~19세기 전반
프랑스의 이탈리아 지배
- 메링게→P21
- 토르타 사비오사→P64
- 바바→P154

근대(19세기 후반)

산업 혁명으로 대량 생산이 시작되고 본격적인 과자점의 등장

1800년대의 산업 혁명으로 기계에 의한 대량 생산이 개시되는 한편, 소규모 과자점에서 본격적인 오리지널 과자 생산 및 개발이 시작되었다.

19세기
이탈리아 통일(1861년)
- 1878년 크루미리→P19
- 1878년 토르타 파라디소→P36
- 1878년 브루티 에 부어니→P53

현대(20세기~)

새로운 스타일의 과자가 등장

미뇽(→P230)의 등장. 과자 장인들이 전통에 얽매이지 않는 창작 과자를 탄생시키며 실력을 겨루었다.

20세기
- 1900년대 판나 코타→P26
- 1920년 토르타 카프레제→P144
- 1926년 파로초→P156
- 1960년 아모르 폴렌타→P40
- 1978년 델리차 알 리모네→P150
- 1981년 티라미수(90년대 일본에서 유행)→P74

르네상스기 이탈리아 귀족의 대두와 과자 문화의 진화

***1: 메디치 가문**
르네상스기의 피렌체에서 은행가 및 정치가로 15세기부터 대두. 피렌체의 실질적인 지배자로서 훗날 토스카나 대공국의 군주가 된 일족. 1533년 프랑스 왕가와의 결혼으로 프랑스에 과자 기술을 전파했다. 16세기 중반 최고의 권력을 자랑했으며, 주파 잉글레제나 주코토와 같은 과자를 탄생시켰다.

***2: 사보이아 가문**
과거 피에몬테, 프랑스, 스위스에 걸친 사보아 일대를 지배했던 일족. 1861년 이탈리아의 통일 이후, 이탈리아 왕가가 된다. 사보이아르디, 자바이오네는 사보이아 가문에서 탄생했다.

참고 문헌

『이탈리아 식문화의 기원과 흐름(イタリア食文化の起源と流れ)』／니시무라 노부오 지음, 문류(文流) 2006년
L'Italia dei dolci／Slow Food Editore 2003년
L'Italia dei dolci／Touring Club Italiano 2004년
Viaggi del gusto／Editoriale DOMUS 2005년
La cucina del mediterraneo／Giuseppe Lorusso 지음, GIUNTI 2006년
Ricette di osterie d'Italia I dolci／Slow Food Editore 2007년
Guida ai sapori perduti／Marcella Croce 지음, Kalos 2008년
Atlante mondiale della gastronomia／Gilles Fumey, Olivier Etcheverria 지음, VALLARDI 2009년
Atlante dei prodotti regionali italian／Slow Food Editore, 2015년
I segreti del chiostro／Maria Oliveri 지음, Il Genioeditore 2017년
La versione di KNAM／Ernst Knam 지음, GIUNTI 2017년

La Cucina Italiana https://www.lacucinaitaliana.it/
Sorgente natura magazine https://sorgentenatura.it/speciali/
AIFB https://www.aifb.it/
Lorenzo Vinci Italian Gourmet https://magazine.lorenzovinci.it/
Taccuini Gastrosofici.it https://www.taccuinigastrosofici.it/ita/
La Repubblica https://www.repubblica.it/
Turismo.it https://www.turismo.it/
Gambero Rosso https://www.gamberorosso.it/
Dissapore https://www.dissapore.com/
Giallo Zafferano https://www.giallozafferano.it/
Slow Food https://www.fondazioneslowfood.com/it/
Prelibata http://blog.prelibata.com/
Il Cucchiaio d'Argento https://www.cucchiaio.it/
Agro Dolce https://www.agrodolce.it/
Tavolartegust https://www.tavolartegusto.it/
CookAround https://www.cookaround.com/
Storico.org http://www.storico.org/index.html
Citta di Perugia Turismo e Cultura http://turismo.comune.perugia.it/
Friuli Tipico http://www.friulitipico.org/prt/
Camerà di Commercio Bergamo https://www.bg.camcom.it/
Turismo italia news http://www.turismoitalianews.it/index.php
Accademia del Tiramisù https://www.accademiadeltiramisu.com/
Festa del Cioccolato https://www.eurochocolate.net/
AIDEPI http://www.aidepi.it/
Reggio Emilia Città del tricolore https://turismo.comune.re.it/it

이탈리아 과자 대백과

초판 1쇄 인쇄 2023년 9월 10일
초판 1쇄 발행 2023년 9월 15일

저자 : 사토 레이코
번역 : 김효진

펴낸이 : 이동섭
편집 : 이민규
디자인 : 조세연
영업 · 마케팅 : 송정환, 조정훈
e-BOOK : 홍인표, 최정수, 서찬웅, 김은혜, 정희철
관리 : 이윤미

㈜에이케이이커뮤니케이션즈
등록 1996년 7월 9일(제302-1996-00026호)
주소 : 04002 서울 마포구 동교로 17안길 28, 2층
TEL : 02-702-7963~5 FAX : 02-702-7988
http://www.amusementkorea.co.kr

ISBN 979-11-274-6489-9 13590

창작을 위한 아이디어 자료

AK 트리비아 시리즈

-AK TRIVIA BOOK

No. 01 도해 근접무기
검, 도끼, 창, 곤봉, 활 등 냉병기에 대한 개설

No. 02 도해 크툴루 신화
우주적 공포인 크툴루 신화의 과거와 현재

No. 03 도해 메이드
영국 빅토리아 시대에 실존했던 메이드의 삶

No. 04 도해 연금술
'진리'를 위해 모든 것을 바친 이들의 기록

No. 05 도해 핸드웨폰
권총, 기관총, 머신건 등 개인 화기의 모든 것

No. 06 도해 전국무장
무장들의 활약상, 전국시대의 일상과 생활

No. 07 도해 전투기
인류의 전쟁사를 바꾸어놓은 전투기를 상세 소개

No. 08 도해 특수경찰
실제 SWAT 교관 출신의 저자가 소개하는 특수경찰

No. 09 도해 전차
지상전의 지배자이자 절대 강자 전차의 힘과 전술

No. 10 도해 헤비암즈
무반동총, 대전차 로켓 등의 압도적인 화력

No. 11 도해 밀리터리 아이템
군대에서 쓰이는 군장 용품을 완벽 해설

No. 12 도해 악마학
악마학의 발전 과정을 한눈에 알아볼 수 있도록 구성

No. 13 도해 북유럽 신화
북유럽 신화 세계관의 탄생부터 라그나로크까지

No. 14 도해 군함
20세기 전함부터 항모, 전략 원잠까지 해설

No. 15 도해 제3제국
아돌프 히틀러 통치하의 독일 제3제국 개론서

No. 16 도해 근대마술
마술의 종류와 개념, 마술사, 단체 등 심층 해설

No. 17 도해 우주선
우주선의 태동부터 발사, 비행 원리 등의 발전 과정

No. 18 도해 고대병기
고대병기 탄생 배경과 활약상, 계보, 작동 원리 해설

No. 19 도해 UFO
세계를 떠들썩하게 만든 UFO 사건 및 지식

No. 20 도해 식문화의 역사
중세 유럽을 중심으로, 음식문화의 변화를 설명

No. 21 도해 문장
역사와 문화의 시대적 상징물, 문장의 발전 과정

No. 22 도해 게임이론
알기 쉽고 현실에 적용할 수 있는 게임이론 입문서

No. 23 도해 단위의 사전
세계를 바라보고, 규정하는 기준이 되는 단위

No. 24 도해 켈트 신화
켈트 신화의 세계관 및 전설의 주요 등장인물 소개

No. 25 도해 항공모함
군사력의 상징이자 군사기술의 결정체, 항공모함

No. 26 도해 위스키
위스키의 맛을 한층 돋워주는 필수 지식이 가득

No. 27 도해 특수부대
전장의 스페셜리스트 특수부대의 모든 것

No. 28 도해 서양화
시대를 넘어 사랑받는 명작 84점을 해설

No. 29 도해 갑자기 그림을 잘 그리게 되는 법
멋진 일러스트를 위한 투시도와 원근법 초간단 스킬

No. 30 도해 사케
사케의 맛을 한층 더 즐길 수 있는 모든 지식

No. 31 도해 흑마술
역사 속에 실존했던 흑마술을 총망라

No. 32 도해 현대 지상전
현대 지상전의 최첨단 장비와 전략, 전술

No. 33 도해 건파이트
영화 등에서 볼 수 있는 건 액션의 핵심 지식

No. 34 도해 마술의 역사
마술의 발생시기와 장소, 변모 등 역사와 개요

No. 35 도해 군용 차량
맡은 임무에 맞추어 고안된 군용 차량의 세계

No. 36 도해 첩보·정찰 장비
승리의 열쇠 정보! 첩보원들의 특수장비 설명

No. 37 도해 세계의 잠수함
바다를 지배하는 침묵의 자객, 잠수함을 철저 해부

No. 38 도해 무녀
한국의 무당을 비롯한 세계의 샤머니즘과 각종 종교

No. 39 도해 세계의 미사일 로켓 병기
ICBM과 THAAD까지 미사일의 모든 것을 해설

No. 40 독과 약의 세계사
독과 약의 역사, 그리고 우리 생활과의 관계

No. 41 영국 메이드의 일상
빅토리아 시대의 아이콘 메이드의 일과 생활

No. 42 영국 집사의 일상
집사로 대표되는 남성 상급 사용인의 모든 것

No. 43 중세 유럽의 생활
중세의 신분 중 「일하는 자」의 일상생활

No. 44 세계의 군복
형태와 기능미가 절묘하게 융합된 군복의 매력

No. 45 세계의 보병장비
군에 있어 가장 기본이 되는 보병이 지닌 장비

No. 46 해적의 세계사
다양한 해적들이 세계사에 남긴 발자취

No. 47 닌자의 세계
온갖 지혜를 짜낸 닌자의 궁극의 도구와 인술

No. 48 스나이퍼
스나이퍼의 다양한 장비와 고도의 테크닉

No. 49 중세 유럽의 문화
중세 세계관을 이루는 요소들과 실제 생활

No. 50 기사의 세계
기사의 탄생에서 몰락까지, 파헤치는 역사의 드라마

No. 51 영국 사교계 가이드
빅토리아 시대 중류 여성들의 사교 생활

No. 52 중세 유럽의 성채 도시
궁극적인 기능미의 집약체였던 성채 도시

No. 53 마도서의 세계
천사와 악마의 영혼을 소환하는 마도서의 비밀

No. 54 영국의 주택
영국 지역에 따른 각종 주택 스타일을 상세 설명

No. 55 발효
미세한 거인들의 경이로운 세계

No. 56 중세 유럽의 레시피
중세 요리에 대한 풍부한 지식과 요리법

No. 57 알기 쉬운 인도 신화
강렬한 개성이 충돌하는 무아와 혼돈의 이야기

No. 58 방어구의 역사
방어구의 역사적 변천과 특색 · 재질 · 기능을 망라

No. 59 마녀 사냥
르네상스 시대에 휘몰아친 '마녀사냥'의 광풍

No. 60 노예선의 세계사
400년 남짓 대서양에서 자행된 노예무역

No. 61 말의 세계사
역사로 보는 인간과 말의 관계

No. 62 달은 대단하다
우주를 향한 인류의 대항해 시대

No. 63 바다의 패권 400년사
17세기에 시작된 해양 패권 다툼의 역사

No. 64 영국 빅토리아 시대의 라이프 스타일
영국 빅토리아 시대 중산계급 여성들의 생활

No. 65 영국 귀족의 영애
영애가 누렸던 화려한 일상과 그 이면의 현실

No. 66 쾌락주의 철학
쾌락주의적 삶을 향한 고찰과 실천

No. 67 에로만화 스터디즈
에로만화의 역사와 주요 장르를 망라

No. 68 영국 인테리어의 역사
500년에 걸친 영국 인테리어 스타일

No. 69 과학실험 의학 사전
기상천외한 의학계의 흑역사 완전 공개

No. 70 영국 상류계급의 문화
어퍼 클래스 사람들의 인상과 그 실상

No. 71 비밀결사 수첩
역사의 그림자 속에서 활동해온 비밀결사

No. 72 영국 빅토리아 여왕과 귀족 문화
대영제국의 황금기를 이끌었던 여성 군주

No. 73 미즈키 시게루의 일본 현대사 1~4
서민의 눈으로 바라보는 격동의 일본 현대사

No. 74 전쟁과 군복의 역사
풍부한 일러스트로 살펴보는 군복의 변천

No. 75 흑마술 수첩
악마들이 도사리는 오컬티즘의 다양한 세계

No. 76 세계 괴이 사전 현대편
세계 지역별로 수록된 방대한 괴담집

No. 77 세계의 악녀 이야기
악녀의 본성과 악의 본질을 파고드는 명저

No. 78 독약 수첩
역사 속 에피소드로 살펴보는 독약의 문화사

-AK TRIVIA SPECIAL

환상 네이밍 사전
의미 있는 네이밍을 위한 1만3,000개 이상의 단어

중2병 대사전
중2병의 의미와 기원 등, 102개의 항목 해설

크툴루 신화 대사전
대중 문화 속에 자리 잡은 크툴루 신화의 다양한 요소

문양박물관
세계 각지의 아름다운 문양과 장식의 정수

고대 로마군 무기·방어구·전술 대전
위대한 정복자, 고대 로마군의 모든 것

도감 무기 갑옷 투구
무기의 기원과 발전을 파헤친 궁극의 군장도감

중세 유럽의 무술, 속 중세 유럽의 무술
중세 유럽~르네상스 시대에 활약했던 검술과 격투술

최신 군용 총기 사전
세계 각국의 현용 군용 총기를 총망라

초패미컴, 초초패미컴
100여 개의 작품에 대한 리뷰를 담은 영구 소장판

초쿠소게 1,2
망작 게임들의 숨겨진 매력을 재조명

초에로게, 초에로게 하드코어
엄격한 심사(?!)를 통해 선정된 '명작 에로게'

세계의 전투식량을 먹어보다
전투식량에 관련된 궁금증을 한 권으로 해결

세계장식도 1, 2
공예 미술계 불후의 명작을 농축한 한 권

서양 건축의 역사
서양 건축의 다양한 양식들을 알기 쉽게 해설

세계의 건축
세밀한 선화로 표현한 고품격 건축 일러스트 자료집

지중해가 낳은 천재 건축가 -안토니오 가우디
천재 건축가 가우디의 인생, 그리고 작품

민족의상 1,2
시대가 흘렀음에도 화려하고 기품 있는 색감

중세 유럽의 복장
특색과 문화가 담긴 고품격 유럽 민족의상 자료집

그림과 사진으로 풀어보는 이상한 나라의 앨리스
매혹적인 원더랜드의 논리를 완전 해설

그림과 사진으로 풀어보는 알프스 소녀 하이디
하이디를 통해 살펴보는 19세기 유럽사

영국 귀족의 생활
화려함과 고상함의 이면에 자리 잡은 책임과 무게

요리 도감
부모가 자식에게 조곤조곤 알려주는 요리 조언집

사육 재배 도감
동물과 식물을 스스로 키워보기 위한 알찬 조언

식물은 대단하다
우리 주변의 식물들이 지닌 놀라운 힘

그림과 사진으로 풀어보는 마녀의 약초상자
「약초」라는 키워드로 마녀의 비밀을 추적

초콜릿 세계사
신비의 약이 연인 사이의 선물로 자리 잡기까지

초콜릿어 사전
사랑스러운 일러스트로 보는 초콜릿의 매력

판타지세계 용어사전
세계 각국의 신화, 전설, 역사 속의 용어들을 해설

세계사 만물사전
역사를 장식한 각종 사물 약 3,000점의 유래와 역사

고대 격투기
고대 지중해 세계 격투기와 무기 전투술 총망라

에로 만화 표현사
에로 만화에 학문적으로 접근하여 자세히 분석

크툴루 신화 대사전
러브크래프트의 문학 세계와 문화사적 배경 망라

아리스가와 아리스의 밀실 대도감
신기한 밀실의 세계로 초대하는 41개의 밀실 트릭

연표로 보는 과학사 400년
연표로 알아보는 파란만장한 과학사 여행 가이드

제2차 세계대전 독일 전차
풍부한 일러스트로 살펴보는 독일 전차

구로사와 아키라 자서전 비슷한 것
영화감독 구로사와 아키라의 반생을 회고한 자서전

유감스러운 병기 도감
69종의 진기한 병기들의 깜짝 에피소드

유해초수
오리지널 세계관의 몬스터 일러스트 수록

요괴 대도감
미즈키 시게루가 그려낸 걸작 요괴 작품집

과학실험 이과 대사전
다양한 분야를 아우르는 궁극의 지식탐험!

과학실험 공작 사전
공작이 지닌 궁극의 가능성과 재미!

크툴루 님이 엄청 대충 가르쳐주시는 크툴루 신화 용어사전
크툴루 신화 신들의 귀여운 일러스트가 한가득

고대 로마 군단의 장비와 전술
로마를 세계의 수도로 끌어올린 원동력

제2차 세계대전 군장 도감
각 병종에 따른 군장들을 상세하게 소개

음양사 해부도감
과학자이자 주술사였던 음양사의 진정한 모습

미즈키 시게루의 라바울 전기
미즈키 시게루의 귀중한 라바울 전투 체험담

산괴 1~2
산에 얽힌 불가사의하고 근원적인 두려움

초 슈퍼 패미컴
역사에 남는 게임들의 발자취와 추억